Física cuántica
de lo cotidiano

Ana Martín Fernández

Física cuántica
de lo cotidiano

De la tostadora al GPS: los principios cuánticos
que hay detrás del mundo visible

Pinolia

© Editorial Pinolia, S. L., 2025, 2026
© Ana Martín Fernández, 2025, 2026

Calle de Cervantes, 26
28014, Madrid

www.editorialpinolia.es
info@editorialpinolia.es

Colección: Divulgación científica
Primera edición: septiembre de 2025
Primera reimpresión: enero de 2026

Depósito legal: M-16135-2025
ISBN: 979-13-87556-68-6

Maquetación: Irene Sanz
Diseño cubierta: Óscar Álvarez
Impresión y encuadernación: Liberdúplex S.L.

Printed in Spain - Impreso en España

ÍNDICE

CUARTA PARTE
MEJORANDO LO PRESENTE:
TECNOLOGÍAS QUE VENDRÁ

INTRODUCCIÓN

La física cuántica es una rama de la ciencia que atrae e intimida a partes iguales. Con poco más de cien años entre nosotros, ya se ha convertido en la base de la física moderna, dando lugar a numerosos avances científicos y tecnológicos. Esta disciplina ha ido permeando cada vez más en nuestras vidas, haciendo que términos como «entrelazamiento» o «espín» se cuelen furtivamente en noticias y conversaciones cotidianas. Este fenómeno ha despertado un interés creciente en el público general, tanto por el deseo de formar parte de los avances como por el afán de comprender en profundidad qué hay detrás de ellos.

De ese interés y curiosidad nace este libro. Pretende acercar la física cuántica a quienes sientan esa inquietud y mostrar cómo, sin apenas darnos cuenta, ya forma parte de nuestras vidas en muchos más aspectos de los que podríamos imaginar. Vamos a explorar dónde se esconde la física cuántica en lo cotidiano y el fascinante camino que la llevó hasta allí.

La historia de la física cuántica es relativamente reciente, pero está llena de enseñanzas que trascienden la ciencia misma. Es el relato del nacimiento de una nueva forma de entender el mundo, impulsado por la valentía de quienes no dejaron de hacerse preguntas y desafiaron las respuestas establecidas. Su historia es también un ejemplo vivo de cómo avanza la ciencia:

preguntándose siempre más, cuestionando lo establecido, buscando explicaciones allí donde lo conocido no alcanza.

Pero no podemos esquivar el elefante en la habitación. La física cuántica, pese a su atractivo y su misterio, arrastra dos estigmas bien conocidos. El primero es su reputación de ser incomprensible, inaccesible para el común de los mortales, lo que aleja a muchos que inicialmente se sienten atraídos. El segundo es la percepción de que solo afecta a fenómenos diminutos y energéticos, generando la impresión de que existen dos mundos separados: el cuántico y el clásico.

Este libro pretende situar cada una de estas ideas en su justa medida. Sí, es cierto que alcanzar una comprensión profunda de la mecánica cuántica requiere años de estudio, pero eso no significa que sea inaccesible para quienes no se dedican profesionalmente a ella. Este libro busca tender un puente entre los descubrimientos de laboratorios y universidades y el público general, acercando la ciencia a toda aquella persona que tenga curiosidad, independientemente de su ocupación o formación. Y, para lograrlo, nos apoyaremos especialmente en fenómenos y tecnologías del día a día que tienen un origen y un funcionamiento intrínsecamente cuántico.

Otro de nuestros objetivos es abordar esa supuesta separación entre el mundo clásico y el cuántico. Es verdad que los fenómenos cuánticos se manifiestan principalmente a escala subatómica, pero sus consecuencias se extienden al mundo macroscópico en el que vivimos. Desde el color rojizo de las brasas en una barbacoa hasta el funcionamiento de tecnologías como el láser o la resonancia magnética, muchos fenómenos y aparatos cotidianos no podrían entenderse sin la física cuántica.

Te invito, entonces, a dar un paseo por los secretos de lo cotidiano, donde la física cuántica es silenciosa pero imprescindible. Comenzaremos hablando de las tecnologías cuánticas; qué son y cómo se clasifican. Luego nos remontaremos al problema que originó todo: la radiación del cuerpo negro; y veremos cómo la necesidad de explicar este fenómeno abrió la puerta a esta nueva física. Te sorprenderá descubrir lo que une a Max Planck con la tostadora de tu cocina.

Como los mejores testigos de los fenómenos cuánticos son las partículas subatómicas, dedicaremos un capítulo a los átomos, explorando su estructura interna y el peculiar comportamiento de las partículas que los componen. Esto nos dará las herramientas necesarias para entender mejor la física cuántica en acción.

Con esta base, estaremos listos para identificar las manifestaciones de la mecánica cuántica en nuestro día a día: fenómenos que siempre han estado allí, pero que solo la física cuántica ha logrado explicar de forma satisfactoria.

A continuación, nos adentraremos en las tecnologías cuánticas de primera generación, donde teoría y realidad se entrelazan para dar vida a dispositivos que usamos a diario, a menudo sin sospechar su naturaleza cuántica. Finalmente, nos asomaremos al prometedor, pero aún incipiente, mundo de las tecnologías cuánticas de segunda generación, explorando sus objetivos, su estado actual y sus desafíos.

Espero que disfrutes de este inusual viaje por lo cotidiano y que, al terminar, te sientas como quien regresa de un gran viaje: puede que no hayas estado fuera mucho tiempo, pero ya no serás exactamente la misma persona que cuando empezaste. Cuando concluya este paseo, es probable que descubras no solo nuevas respuestas, sino también nuevas preguntas. Y, a fin de cuentas, son las preguntas las que nos impulsan a mirar más allá de lo evidente y a seguir explorando el universo que habitamos.

¡Vamos allá!

1

TECNOLOGÍAS CUÁNTICAS DE PRIMERA Y SEGUNDA GENERACIÓN

La física cuántica es, hasta la fecha, la mejor descripción que tenemos del mundo que nos rodea. Aunque su relevancia es incuestionable, no solemos ver por la calle fenómenos extremos como los famosos «gatos vivos y muertos» de los experimentos mentales. Así que, cabe preguntarse, qué efectos cuánticos sí son evidentes en nuestro día a día o qué fenómenos o tecnologías podemos explicar gracias a la mecánica cuántica. Responder a estas preguntas es el primer paso para entender que la física cuántica, aunque opere en escalas diminutas, tiene consecuencias palpables en nuestra vida cotidiana.

Las tecnologías cuánticas son precisamente eso: sistemas y dispositivos que aprovechan fenómenos propios de la mecánica cuántica para realizar funciones clave en su funcionamiento. Aunque lo más conocido del mundo cuántico hoy día sean términos como «computación cuántica», lo cierto es que muchas otras tecnologías que usamos a diario existen gracias a principios cuánticos, aunque no siempre lleven explícito el apellido «cuántico».

Según el modo en que utilizan los principios cuánticos, se clasifican en tecnologías de primera y segunda generación.

Tecnologías cuánticas de primera generación

Las tecnologías de primera generación surgieron durante la primera gran revolución cuántica, a mediados del siglo xx. Son el resultado de comprender y aplicar las leyes de la física cuántica para describir cómo se comporta la materia y la energía en el mundo microscópico.

En estas tecnologías no se manipulan partículas individuales de manera directa. Lo que se hace es aprovechar fenómenos cuánticos que ocurren naturalmente, de forma indirecta, sin necesidad de controlarlos uno a uno. Son tecnologías como el láser, el transistor o la resonancia magnética. Dispositivos tan integrados en nuestra vida diaria que cuesta imaginar que su corazón late al ritmo de las reglas de la mecánica cuántica.

Este tipo de tecnologías será el que exploraremos en mayor profundidad a lo largo del libro, especialmente en la cuarta parte. En ellas la cuántica actúa sin acaparar mucha atención, pero resulta absolutamente esencial para hacer posible gran parte de lo que hoy consideramos cotidiano.

Tecnologías cuánticas de segunda generación

Por otro lado, las tecnologías de segunda generación son fruto de la segunda revolución cuántica, iniciada a comienzos del siglo xxi. En este caso, el salto no está solo en comprender, sino en manipular y controlar directamente los estados cuánticos de partículas individuales, como átomos, electrones o fotones.

Gracias a importantes avances experimentales, hoy podemos aprovechar fenómenos como la superposición (la posibilidad de que un sistema esté en varios estados al mismo tiempo) o el entrelazamiento (la conexión profunda entre partículas, más allá de la distancia que las separe), para diseñar nuevas tecnologías con un nivel de precisión y seguridad inimaginables hasta hace poco.

La computación cuántica, la metrología cuántica, la sensórica cuántica y la criptografía cuántica son ejemplos principales de esta nueva familia de tecnologías. Aunque en este libro no profundizaremos en ellas, sí haremos un breve recorrido para conocerlas. Veremos en qué estado se encuentran actualmente y cuáles son las perspectivas de futuro.

Estas tecnologías están aún en desarrollo, pero prometen transformar profundamente áreas enteras del conocimiento y la tecnología en las próximas décadas.

Una mirada que conecta dos mundos

Entender cómo la física cuántica impregna nuestra vida diaria, ya sea de forma indirecta o directa, es una invitación a mirar nuestro entorno con otros ojos. A lo largo de estas páginas recorreremos las tecnologías de primera generación, los fenómenos que las sustentan y descubriremos que lo cuántico no es algo ajeno o lejano, sino que está aquí, sosteniendo el mundo que habitamos.

Pero para comprender de verdad cómo hemos llegado a todas estas aplicaciones, tenemos que dar un paso atrás en el tiempo. Antes de los dispositivos, antes de las tecnologías, hubo preguntas. Preguntas que desafiaron lo que creíamos saber y que abrieron el camino a una nueva forma de entender el mundo.

PRIMERA PARTE

CÓMO HEMOS LLEGADO HASTA AQUÍ

2

QUIÉN ES PLANCK Y QUÉ TIENE QUE VER CON MI TOSTADORA

Como prometimos, este será un paseo por lo cotidiano. ¿Y qué hay más cotidiano que preparar el desayuno? Imagina el momento en que esperas a que el pan salga de tu tostadora, listo para acompañarlo con lo que más te guste. Mientras tanto, observa lo que sucede dentro: al principio, las resistencias están grises y frías, pero en pocos segundos comienzan a brillar, tornándose de un rojo intenso. Esa luz cálida no solo te avisa de que tu pan está casi listo; también es la clave de una historia que cambió nuestra forma de entender el universo.

¿Por qué un objeto caliente cambia de color al aumentar su temperatura? ¿Qué conexión hay entre el brillo de una tostadora, el rojo vivo del metal en una forja o la lava ardiente de un volcán? La respuesta nos lleva directamente al corazón de la física cuántica y a la figura de Max Planck.

En este capítulo, exploraremos cómo algo tan familiar como el color de un objeto caliente dio origen a una de las ideas más revolucionarias de la ciencia: los *cuantos*. Veremos cómo este concepto resolvió un problema que amenazaba con llevar la física al borde de una catástrofe —sí, la famosa *catástrofe ultravioleta*—, y cómo este hallazgo terminó por dar nombre a toda una nueva rama de la ciencia: la física cuántica.

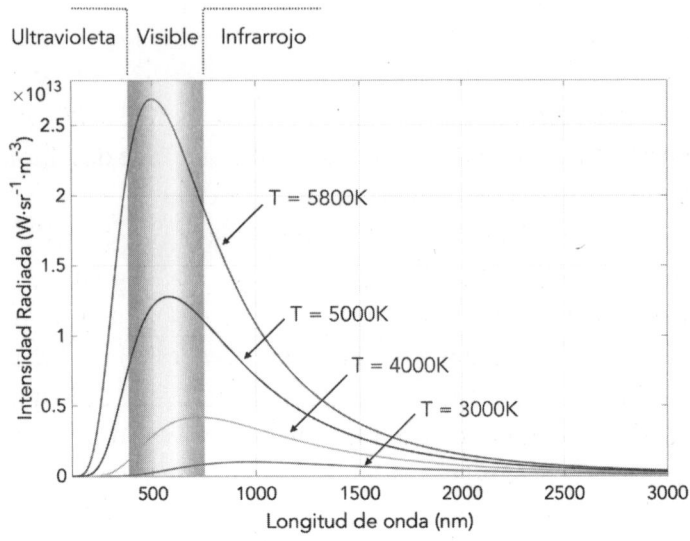

Ley de Radiación de Planck. El máximo de radiación cambia con la temperatura, acercándose al espectro visible y adquiriendo distintos colores.

EL PROBLEMA DEL CUERPO NEGRO

A mediados del siglo XIX, muchas personas pensaban que la física estaba prácticamente completa. La mecánica newtoniana, la teoría electromagnética de Maxwell y las leyes de la termodinámica conformaban una estructura sólida que explicaba la mayoría de los fenómenos conocidos. Sin embargo, algunos problemas aparentemente menores estaban a punto de abrir una grieta en esos cimientos. Entre ellos, el enigma del *cuerpo negro* ocupaba un lugar especial.

El concepto de cuerpo negro fue introducido por Gustav Kirchhoff en 1860 para describir un objeto ideal capaz de absorber toda la radiación que incide sobre él, sin reflejar nada. Para representarlo, imaginó un recipiente completamente oscuro con un pequeño orificio. De esa manera, la luz que entraba quedaba atrapada, y ese diminuto agujero actuaba como una mirilla para observar la radiación interna. Kirchhoff demostró matemáticamente que esta radiación no dependía del material del recipiente, sino únicamente de su temperatura. Sin embargo, no pudo determinar cómo variaba exactamente la emisión con la temperatura, dejando abierta una pregunta que desafiaría a la física durante décadas.

La primera pista hacia la solución llegó con el físico esloveno-austríaco Josef Stefan, quien observó que la energía total emitida por un cuerpo negro era proporcional a su temperatura absoluta. Poco después, el físico austriaco Ludwig Boltzmann fundamentó teóricamente esta relación utilizando la teoría electromagnética de Maxwell y el segundo principio de la termodinámica, que establece que los fenómenos físicos son irreversibles, especialmente cuando hay intercambio de calor. Juntos dieron forma a la ley de Stefan-Boltzmann, que describe cómo la intensidad total de la radiación crece rápidamente al aumentar la temperatura.

Unos años más tarde, el físico alemán Wilhelm Wien descubrió otra relación fundamental. Al calentar un cuerpo negro, observó que el tipo de luz emitida cambiaba. A temperaturas bajas, predominaban tonos rojizos o incluso invisibles al ojo humano, como el infrarrojo; pero a medida que la temperatura subía, el brillo se desplazaba hacia colores más intensos, como el azul o el violeta. Este fenómeno, conocido como la ley de desplazamiento de Wien, explicaba cómo variaba la energía emitida en función de la temperatura. Durante un tiempo, sus predicciones se ajustaron tan bien a los experimentos que su ley se convirtió en una herramienta imprescindible para estudiar la radiación térmica.

Max Planck, confiado en la buena concordancia entre la ley de Wien y los datos experimentales, dedicó tres años a construir una base teórica para esa relación. Apoyándose en el segundo principio de la termodinámica —que consideraba un pilar incuestionable de la física—, Planck afirmaba que «los límites de validez de esta ley, en caso de que los haya, coinciden con los de la segunda ley fundamental de la teoría del calor». Mientras tanto, los experimentos de los físicos alemanes Otto Lummer, Ernst Pringsheim, Ferdinand Kurlbaum y Heinrich Rubens reforzaban la validez de la ley de Wien, forteleciendo aún más la confianza de Planck. No sería hasta el perfeccionamiento de las técnicas experimentales cuando empezarían a verse sus limitaciones.

En paralelo, en 1900, los físicos británicos Lord Rayleigh y James Jeans propusieron una solución basada en la física clásica: dividir la energía de la radiación entre todas las posibles vibraciones de una cavidad. Su modelo funcionaba bien para energías bajas, pero predecía un aumento infinito de energía a medida que se avanzaba hacia el ultravioleta, un resultado absurdo que sería conocido como la *catástrofe ultravioleta*. Tanto Rayleigh como Jeans se dieron cuenta rápidamente de que aquello no podía ser correcto, ya que un universo saturado de radiación ultravioleta no sería compatible con la vida.

El término catástrofe ultravioleta, acuñado por el físico austríaco Paul Ehrenfest, capturaba bien la magnitud del problema, poniendo en evidencia una incompatibilidad profunda entre la física clásica y los resultados experimentales. Parecía claro que era necesario mirar el problema desde una perspectiva completamente nueva.

SE VINO LA CATÁSTROFE

En medio de este panorama incierto, Max Planck y su esposa organizaron un almuerzo el 7 de octubre de 1900. Entre los invitados estaban Heinrich Rubens, experto en radiación infrarroja, y su esposa. Durante la comida, Rubens compartió los resultados de sus experimentos más recientes, que revelaban con claridad las limitaciones de la ley de Wien en el espectro infrarrojo. Aquellas discrepancias, atribuidas a la mejora en las técnicas experimentales, dejaron a Planck profundamente inquieto: los datos confirmaban que la ley que él había defendido fallaba precisamente donde la radiación ultravioleta empezaba a dominar.

Esa misma noche, incapaz de dejar el problema de lado, Planck se encerró en su despacho a buscar una solución. Tras horas de trabajo, logró derivar una fórmula empírica que se ajustaba sorprendentemente bien a los datos experimentales. Al amanecer, la garabateó en un papel y se la envió a Rubens para su verificación. La respuesta no tardó en llegar: los resultados coincidían.

Unos días después, el 19 de octubre de 1900, en una reunión de la Sociedad de Física de Alemania, Planck se presentó ante sus colegas. Admitió que, pese a su anterior fervor en defensa de la ley de Wien, los nuevos datos lo habían obligado a reconsiderar sus convicciones. Allí mismo presentó su nueva fórmula, afirmando que esta «cuadra, en mi opinión, con los datos publicados hasta el momento».

Para justificar su propuesta, Planck recurrió a las ideas de Boltzmann sobre la cuantización de la energía. Introdujo el concepto de *cuantos*: pequeños paquetes de energía proporcionales a la frecuencia de la radiación, representados por hv, donde h es la que hoy conocemos como la constante de Planck.

Curiosamente, Planck no veía estos cuantos como una descripción real de la naturaleza, sino más bien como un artificio matemático necesario para que la teoría coincidiera con la observación. Sin saberlo, estaba abriendo la puerta a una nueva forma de concebir el universo.

Hay, sin embargo, un detalle importante: el procedimiento estadístico de Boltzmann que Planck utilizó tenía una segunda parte que él, deliberadamente o no, ignoró. De haber seguido ese procedimiento clásico hasta sus últimas consecuencias, su fórmula habría terminado, una vez más, en la temida catástrofe ultravioleta. Más tarde, cuando Einstein examinó el trabajo de Planck, señaló que cualquier tratamiento clásico del problema del cuerpo negro inevitablemente conducía a ese resultado catastrófico.

DE CATÁSTROFE A NUEVA FÍSICA

A diferencia de Planck, Albert Einstein sí apostó abiertamente por la cuantización de la luz. Como firme defensor de la teoría atómica, le resultaba más natural asumir que las ondas electromagnéticas, al igual que la materia, también poseían una naturaleza discontinua. Einstein propuso que la radiación del cuerpo negro podía describirse como un gas de partículas energéticas, confirmando así la cuantización de la energía y sentando las bases de una nueva teoría de la luz. Mientras Planck había introducido los cuantos como una solución técnica, Einstein los abrazó como una propiedad fundamental de la naturaleza.

En 1905, Einstein fue aún más lejos. Propuso que la luz misma estaba formada por partículas discretas, que más tarde llamaríamos fotones. Esta idea no solo permitió resolver problemas como el efecto fotoeléctrico, sino que además evitaba la temida catástrofe ultravioleta que surgía al aplicar la física clásica a la radiación del cuerpo negro.

Así, lo que comenzó como un problema técnico aparentemente menor terminó convirtiéndose en el punto de partida de toda una revolución científica. La introducción de los cuantos no solo resolvía una anomalía experimental; también abría una nueva forma de entender el universo. La energía, lejos de ser continua como se había supuesto durante siglos, se presentaba en paquetes indivisibles que gobernaban el comportamiento más profundo de la naturaleza.

EL PODER DE CUESTIONAR LO CONOCIDO

La luz cálida que vemos al calentar el pan en una tostadora, el rojo vivo del metal en una forja, la lava que fluye de un volcán…

Todos esos fenómenos cotidianos tienen su raíz en el problema que, hace más de un siglo, sacudió los cimientos de la física.

El enigma de la radiación del cuerpo negro no era solo una cuestión técnica sino una grieta en la vieja forma de entender el mundo. Frente a la catástrofe ultravioleta, fue necesario abandonar la idea de que la energía fluye de manera continua, y aceptar que lo hace en pequeñas unidades indivisibles: los cuantos.

De esta manera, la física cuántica surgió como la respuesta inevitable a una pregunta incómoda. Fue gracias a la tenacidad de Planck, buscando una solución, y a la audacia de Einstein, atreviéndose a ver en los cuantos una nueva realidad, que dimos uno de los mayores saltos de conocimiento de nuestra historia.

Hoy, cada vez que vemos brillar un objeto caliente, estamos presenciando un recordatorio silencioso de aquella revolución. Porque, a veces, entender lo cotidiano exige cambiar por completo la forma en que miramos el universo.

3

LOS PRODUCTIVOS AÑOS VEINTE: SE SIENTAN LAS BASES DE LA MECÁNICA CUÁNTICA

A principios del siglo xx, nuestra comprensión de la naturaleza dio un giro radical. La aparición de la mecánica cuántica cuestionó las reglas de la física que, hasta entonces, parecían inamovibles. Conceptos que durante siglos habían funcionado como pilares seguros comenzaron a tambalearse frente a nuevas observaciones y experimentos.

En este capítulo recorreremos los primeros años de esta transformación: veremos cómo surgieron las ideas iniciales, qué experimentos las impulsaron y de qué manera, poco a poco, se fue cimentando una de las revoluciones científicas más profundas de la historia.

UN DILEMA DEL PASADO

Aunque la idea de que la luz estaba compuesta por partículas diminutas había sido propuesta ya en 1672 por Isaac Newton y otros filósofos naturales, no sería hasta comienzos del siglo xx cuando esta antigua hipótesis adquiriría un nuevo significado. El desarrollo del concepto de cuantos de energía, impulsado por Planck y expandido por Einstein, abrió una puerta inesperada: la posibilidad de que la luz, igual que la materia, tuviera una estructura discontinua.

Durante siglos, la naturaleza de la luz había sido motivo de debate. Algunos defendían su carácter corpuscular, mientras que otros la consideraban un fenómeno ondulatorio. Este debate pareció resolverse en 1803, cuando el físico británico Thomas Young realizó su famoso experimento de la doble rendija. Al producirse patrones de interferencia —algo inexplicable si la luz estuviera formada únicamente por partículas—, la interpretación ondulatoria ganó terreno.

Por eso, el concepto de cuantos de energía introducido en 1900, como respuesta al problema del espectro de emisión del cuerpo negro, suponía, de algún modo, un regreso a la vieja teoría corpuscular. Eso sí, para Planck los cuantos eran una mera herramienta matemática y la idea de que la naturaleza se comportara realmente de forma discontinua le resultaba profundamente incómoda.

A quien no inquietaba esta idea era a Albert Einstein. Familiarizado con la teoría atómica —donde los átomos se concebían como unidades fundamentales e indivisibles—, encontró natural extender el concepto a la luz. De hecho, recurrió a esta idea para explicar otro fenómeno que la física clásica no lograba interpretar: el efecto fotoeléctrico. En 1905, Einstein propuso que la luz, considerada hasta entonces un fenómeno puramente ondulatorio, estaba también compuesta por cuantos de energía, que más tarde, en 1926, serían bautizados como fotones por el físico estadounidense Gilbert N. Lewis.

Con esta propuesta, no solo resolvió el efecto fotoeléctrico, sino que consolidó y amplió la idea de la cuantización de la energía, marcando un paso decisivo en el nacimiento de la mecánica cuántica.

Los productivos años veinte

El cambio conceptual en la forma de entender la transmisión de energía, unido a la existencia de fenómenos que la física clásica no lograba explicar, fue el detonante de una auténtica explosión de conocimiento. La década de 1920 marcó una revolución en la física cuántica, con descubrimientos que, como piezas de un rompecabezas, empezaron a encajar para dar forma a una nueva teoría del mundo.

Estos fueron los años fundacionales de la mecánica cuántica, una época de avances vertiginosos en la que la comunidad científica sentó las bases de los principios fundamentales que aún hoy siguen guiando nuestra comprensión de la naturaleza.

Cuantizando que es gerundio: el lenguaje discreto de la materia y la luz

Otro fenómeno físico que desafiaba las predicciones de la física clásica era el espectro de emisión de los átomos, es decir, el conjunto de las distintas longitudes de onda (o colores) de luz que un átomo puede emitir al calentarse o excitarse. Se observó que, en lugar de emitir un espectro continuo —como el de un arcoíris—, los átomos de distintos elementos irradiaban luz únicamente en ciertas longitudes de onda, formando patrones de líneas individuales en lugar de una banda uniforme. Esto sugería que los electrones dentro de un átomo solo podían emitir o absorber energía en cantidades discretas.

Basándose en estos resultados experimentales, el físico danés Niels Bohr presentó en 1913 su modelo atómico. Propuso que los electrones ocupaban niveles de energía *cuantizados* y que la emisión o absorción de luz ocurría cuando los electrones saltaban entre esos niveles. Bohr aplicó exitosamente su modelo para explicar el espectro del átomo de hidrógeno.

Para entonces, se había establecido que tanto la energía como la luz presentaban un comportamiento cuantizado, y empezaba a sospecharse que lo mismo podría aplicarse a otras propiedades fundamentales de la materia. Según la teoría clásica, una partícula cargada en movimiento dentro de un campo magnético debería mostrar un rango continuo de orientaciones posibles. Sin embargo, en 1922, los físicos alemanes Otto Stern y Walther Gerlach realizaron un experimento que cambiaría esta visión.

En su experimento, Stern y Gerlach enviaron un haz de átomos de plata a través de un campo magnético no uniforme. Este campo ejercía una fuerza sobre los átomos, relacionada con su momento angular. Si este fuera continuo, se esperaría ver una distribución continua de desviaciones en la pantalla de detección. Pero si el momento angular estuviera cuantizado, deberían aparecer franjas discretas.

Al analizar la pantalla, Stern y Gerlach no encontraron una distribución difusa, sino dos bandas claramente separadas. La conclusión era inequívoca: el momento angular de los átomos no podía adoptar cualquier orientación, sino únicamente dos valores específicos. El momento angular, igual que la energía, estaba cuantizado.

La última pieza del rompecabezas: el espín

Aunque el experimento de Stern y Gerlach había demostrado la cuantización del momento angular, sus resultados no encajaban del todo en el modelo atómico de Bohr Según la teoría cuántica de la época, el momento angular debía admitir más de dos valores, no solo dos. Algo faltaba en la explicación.

Una posible clave surgió en 1924, cuando el físico francés Louis de Broglie propuso una idea revolucionaria: las partículas materiales, como los electrones, también podían comportarse como ondas. Esta hipótesis, confirmada experimentalmente en

1927, permitía interpretar de manera natural la cuantización del momento angular, ya que los electrones solo podían ocupar orbitales donde su onda asociada se ajustara de forma coherente, sin interferencias destructivas.

Sin embargo, aunque la teoría ondulatoria de De Broglie explicaba la cuantización del momento angular orbital, no resolvía el enigma planteado por Stern y Gerlach: ¿por qué aparecían exactamente dos valores discretos, y no múltiples, como sugería la mecánica cuántica?

Para resolver este misterio, en 1925 los físicos neerlandeses-estadounidenses Samuel Goudsmit y George Uhlenbeck propusieron la existencia de una nueva propiedad del electrón: el espín. Este momento angular intrínseco, sin equivalente en la física clásica, podía adoptar únicamente dos valores. Así, en el experimento de Stern-Gerlach, la separación de los átomos no se debía a su momento angular orbital, sino a su espín.

Resulta interesante destacar que, aunque el experimento de Stern-Gerlach se llevó a cabo en 1922, su interpretación completa no se logró hasta después del descubrimiento del espín en 1925. Un ejemplo claro de cómo, en ciencia, los experimentos a menudo se adelantan a la teoría que finalmente los explica, mostrando la naturaleza iterativa del avance científico.

La mecánica cuántica toma forma

En 1925, los físicos alemanes Werner Heisenberg, Max Born y Pascual Jordan desarrollaron la mecánica cuántica matricial, la primera formulación matemática completa para definir fenómenos cuánticos. Ese mismo año, el físico austríaco-irlandés Erwin Schrödinger presentó su famosa ecuación de onda, ofreciendo una descripción alternativa basada en funciones continuas.

Inicialmente, Schrödinger interpretó la función de onda como una onda física real. Sin embargo, en 1926, Max Born propuso una reinterpretación crucial, en la que la función de onda no representaba una onda material, sino la densidad de probabilidad de encontrar una partícula en una posición o estado determinados. Esta idea introdujo el concepto de indeterminismo en la física y dio origen a lo que más tarde se conocería como la interpretación de Copenhague.

Mientras estas ideas tomaban forma teórica, los experimentos seguían aportando pruebas decisivas. En 1927, los físicos estadounidenses Clinton Davisson y Lester Germer llevaron a cabo un experimento fundamental. Al hacer incidir un haz de electrones sobre un cristal de níquel, observaron patrones de difracción, un fenómeno típicamente asociado a ondas.

Este resultado confirmó la hipótesis propuesta por Louis de Broglie en 1924, en la que los electrones, al igual que la luz, exhiben un comportamiento ondulatorio.

El auge imparable una revolución científica

Los avances en mecánica cuántica progresaban a un ritmo asombroso, generando un ambiente de intensa actividad y debate en la comunidad científica. En este contexto, la Conferencia de Solvay de 1927 se convirtió en un evento clave para el desarrollo de la física moderna. Allí se reunieron las mentes más brillantes de la época para discutir los fundamentos de la nueva teoría. Fue en este foro donde se produjeron los célebres debates entre Einstein y Bohr, centrados en la interpretación y las profundas implicaciones de la mecánica cuántica.

Desde entonces, la mecánica cuántica no ha dejado de evolucionar. A lo largo de las décadas, los avances teóricos y técnicos han permitido que aquella disciplina, en un principio enigmática y abstracta, se integre en nuestra vida cotidiana, convirtiéndose en una herramienta fundamental para el desarrollo de la ciencia y la tecnología modernas.

El viaje continúa

A lo largo de este recorrido hemos visto cómo, en apenas unas décadas, la mecánica cuántica transformó por completo nuestra manera de entender el universo. Conceptos que durante siglos parecían inmutables tuvieron que ser replanteados para dar cabida a fenómenos que la física clásica no podía explicar. Esta revolución no surgió de respuestas fáciles, sino de la capacidad de cuestionar lo establecido y de atreverse a mirar más allá de lo conocido.

Gracias a ese cambio de perspectiva, la ciencia pudo comenzar a explorar una de las estructuras más fundamentales de la naturaleza: el átomo. En el siguiente capítulo nos adentraremos en la historia de los modelos atómicos, desde sus primeras representaciones hasta la visión actual que nos ofrece la mecánica cuántica.

4

ENTENDIENDO LOS ÁTOMOS: ELECTRONES, ENERGÍA Y ORBITALES

La mecánica cuántica estudia la materia y la radiación, su relación mutua, su naturaleza, estructura y composición. Hoy sabemos que la materia está formada por átomos, y que estos, a su vez, se componen de protones, neutrones y electrones. Pero no siempre fue así. A lo largo de la historia, han existido distintos modelos para describir la realidad y, en particular, la estructura del átomo. Incluso hoy seguimos explorando hasta qué punto podemos seguir haciendo *zoom* en la materia y qué partículas pueden considerarse realmente elementales.

Desde principios del siglo xx, la mecánica cuántica ha sido una herramienta clave para construir estos modelos. El que utilizamos actualmente es el modelo orbital, también conocido como modelo mecánico-cuántico, basado en los principios fundamentales de esta teoría. Surgió en la primera mitad del siglo xx, impulsado por científicos como Schrödinger, Heisenberg, Born y Dirac.

Este modelo no solo resulta esencial para entender cómo se organiza la materia, sino que también nos permite interpretar —e incluso diseñar— fenómenos y tecnologías basados en las leyes de la física cuántica. Por eso merece la pena explorarlo con detenimiento. Muchos de los fenómenos cuánticos que forman parte de nuestra vida cotidiana, ya sea como procesos naturales o como aplicaciones tecnológicas, tienen su origen en el comportamiento de los electrones dentro del átomo, al interactuar con la radiación o con estímulos externos.

Si queremos entender qué hay de cuántico en el mundo que habitamos, primero debemos sumergirnos en el interior del átomo y observar cómo la mecánica cuántica nos ayuda a descifrar lo que allí sucede.

Modelo atómico actual

Según el modelo atómico que manejamos hoy, los átomos están formados por un núcleo central, compacto y muy denso, donde se concentran protones y neutrones. Los protones tienen carga positiva y los neutrones, ninguna. Alrededor del núcleo se distribuyen los electrones, con carga negativa.

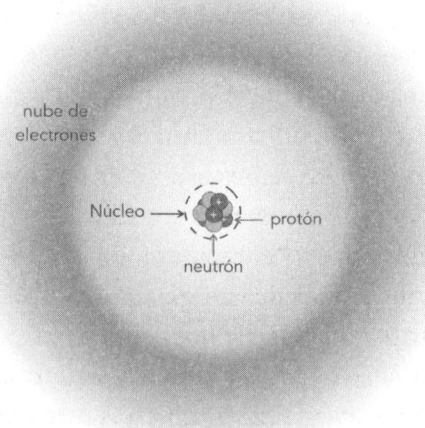

Modelo atómico mecánico-cuántico.

Aunque a menudo imaginamos el átomo como un pequeño sistema solar en miniatura, lo cierto es que los electrones no giran en órbitas definidas, como los planetas alrededor del Sol. En su lugar, cada electrón se asocia a un orbital, que representa una solución de la ecuación de Schrödinger: una función matemática que describe su comportamiento, incluyendo su energía y su distribución espacial. Los orbitales no nos dicen dónde está exactamente un electrón, sino dónde es más probable encontrarlo. Algunos tienen forma esférica, otros recuerdan a una mancuerna y otros adoptan geometrías aún más complejas.

Debido a la cuantización de la energía, los electrones no pueden tener cualquier valor energético, sino solo ciertos niveles bien definidos. Estos niveles se organizan de forma jerárquica: niveles principales, subniveles y orbitales. Podemos imaginar esta estructura como una escalera en la que los escalones más bajos están cerca del núcleo, tienen menor energía y son más estables; mientras que los escalones más altos están más alejados y corresponden a estados de mayor energía.

El nivel más bajo posible se conoce como estado fundamental. Es la configuración más estable, a la que tienden naturalmente los electrones cuando no están siendo perturbados por radiación u otros estímulos.

En este modelo, un electrón puede cambiar de nivel energético mediante una transición cuántica. Si desciende de un nivel alto a uno inferior, libera el exceso de energía en forma de un fotón. Si asciende, debe absorber un fotón cuya energía coincida exactamente con la diferencia entre ambos niveles. Aunque solemos hablar de niveles de energía, en realidad lo que cambia es el estado cuántico del electrón, es decir, su función de onda.

La razón por la que este modelo ha perdurado hasta hoy es que describe con gran precisión muchos aspectos del comportamiento atómico. Explica cómo se enlazan los elementos químicos, cómo reaccionan entre sí y por qué los átomos emiten o absorben luz en frecuencias concretas. También organiza de manera lógica la tabla periódica y sustenta disciplinas como la química moderna, la física del estado sólido, la electrónica y buena parte de las tecnologías que utilizamos a diario.

Pero para llegar hasta aquí fue necesario recorrer un largo camino. A lo largo del tiempo, distintos modelos atómicos ofrecieron explicaciones válidas para los fenómenos conocidos en su época, aunque cada uno terminó encontrando sus límites al enfrentarse a nuevos datos o a preguntas aún sin respuesta.

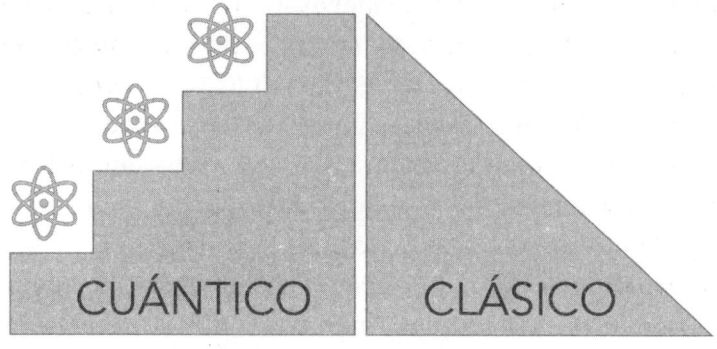

Comparación niveles de energía discretizados (cuántico) vs. energía continua (clásico). Podemos imaginar esta estructura como una escalera en la que los escalones más bajos están cerca del núcleo, tienen menor energía y son más estables; mientras que los escalones más altos están más alejados y corresponden a estados de mayor energía.

HISTORIA DE LA CIENCIA PLASMADA EN LOS MODELOS ATÓMICOS

La idea de que la materia está compuesta por unidades fundamentales no es nueva. De hecho, el primer modelo atómico se propuso en el año 460 a. C., cuando el filósofo griego Demócrito planteó que todo estaba formado por partículas indivisibles e indestructibles, a las que llamó átomos. El término proviene del griego a- («sin») y tomo («corte»), por lo que puede traducirse como «sin corte» o «lo que no se puede dividir».

Aunque era más una conjetura filosófica más que una teoría experimental, ya insinuaba que los átomos podían diferir en forma y tamaño, aunque no les atribuía una estructura interna.

Modelo atómico de Dalton: pequeñas esferas indivisibles

El primer modelo atómico con base científica llegó mucho más tarde, entre 1803 y 1808, de la mano del químico y físico británico John Dalton. Propuso que la materia estaba formada por átomos concebidos como pequeñas esferas sólidas e indivisibles. Según su teoría, todos los átomos de un mismo elemento eran idénticos entre sí, con la misma masa y propiedades, mientras que los átomos de elementos distintos tendrían masas diferentes. Los compuestos químicos, según Dalton, se formarían al combinarse átomos de distintos elementos en proporciones definidas mediante reacciones químicas.

Aunque este modelo representó un avance notable, también tenía limitaciones. Dalton afirmaba que los átomos eran indivisibles, algo que hoy sabemos que no es cierto, ya que existen partículas subatómicas, como los electrones. Además, su teoría no explicaba fenómenos eléctricos o radiactivos que empezaban a observarse a finales del siglo XIX, ni la existencia de proporciones múltiples entre ciertos elementos químicos.

Modelo de J. J. Thomson: el electrón en un pudín de pasas

En 1897, el científico británico Joseph John Thomson propuso un nuevo modelo atómico, conocido popularmente como el modelo del pudín de pasas. En esta representación, el átomo se concebía como una esfera con carga positiva en la que estaban incrustados los electrones con carga negativa, como pasas dispersas en un pudín.

Este modelo se sustentaba en un hallazgo fundamental: el descubrimiento del electrón. Fue la primera evidencia clara de

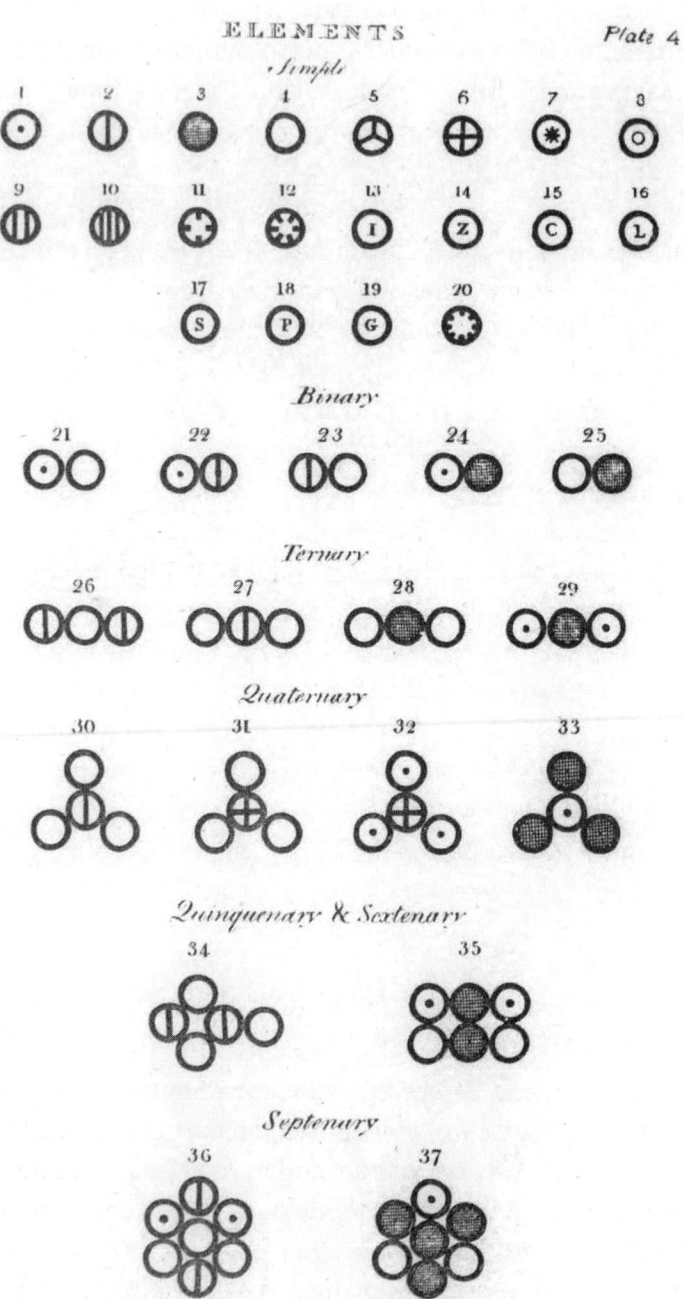

Modelo atómico de Dalton. Fuente: Wikipedia (Por haade).

que el átomo no era indivisible, como se había pensado hasta entonces. La propuesta de Thomson marcó un antes y un después en la comprensión de la materia, al introducir la idea de que los átomos contenían partículas subatómicas.

Aunque el modelo fue superado con el tiempo, se mantuvo vigente durante más de una década y constituyó un paso clave en la evolución de la teoría atómica.

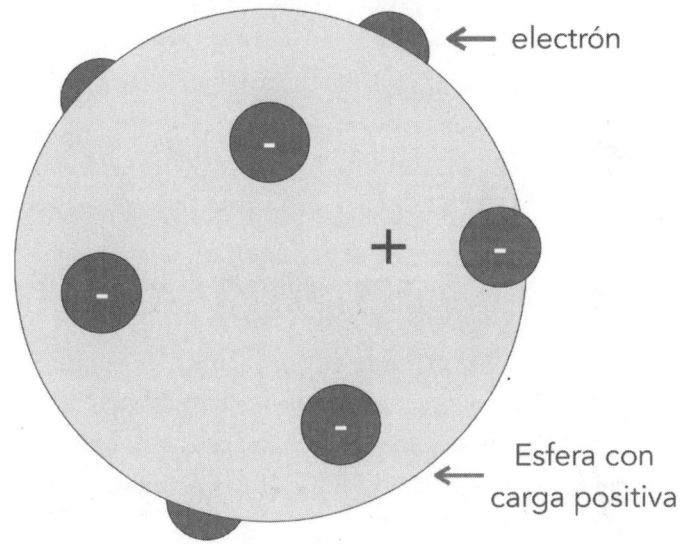

Modelo atómico de Thomson, conocido como pudín de pasas.

El experimento de la lámina de oro y el modelo de Rutherford

En 1911, el físico neozelandés Ernest Rutherford, junto al físico alemán Hans Geiger y el físico británico Ernest Marsden, diseñó un experimento para estudiar la estructura interna del átomo y poner a prueba el modelo de Thomson. Consistía en disparar un haz de partículas alfa —núcleos de helio con carga positiva— contra una lámina de oro extremadamente delgada, de apenas unos cientos de átomos de grosor.

Para detectar la trayectoria de las partículas, colocaron alrededor de la lámina una pantalla fluorescente recubierta de sulfuro de zinc, que emitía pequeños destellos de luz visibles al microscopio cada vez que una partícula impactaba. Esta pantalla envolvía completamente la muestra, permitiendo registrar los ángulos de desviación en todas las direcciones.

Los resultados fueron sorprendentes. La mayoría de las partículas atravesaban la lámina sin desviarse, lo que sugería que el átomo estaba compuesto en su mayor parte por espacio vacío. Sin embargo, un pequeño número se desviaba en ángulos considerables, e incluso algunas rebotaban casi en dirección opuesta. Rutherford describió su asombro con una imagen que ha quedado para la historia: «tan sorprendente como si dispararas un proyectil de artillería contra una hoja de papel y este rebotara hacia ti».

Este hallazgo llevó al abandono del modelo de Thomson y estableció el modelo de Rutherford como el nuevo paradigma. Por primera vez se introducía el concepto de núcleo atómico, un avance que abriría el camino hacia modelos aún más precisos respaldados por la experimentación.

Sin embargo, el nuevo modelo también planteaba interrogantes. Según las leyes clásicas, un electrón en órbita debería perder energía gradualmente y precipitarse hacia el núcleo, emitiendo radiación en el proceso. Pero eso no ocurría. Era evidente que hacía falta algo más: un nuevo marco teórico que explicara la estabilidad de los átomos.

Modelo de Bohr y aparición de la cuántica

En 1913, el físico danés Niels Bohr incorporó ideas de la teoría cuántica y propuso un nuevo modelo atómico. En él, los electrones giraban en órbitas circulares alrededor del núcleo, pero no podían ocupar cualquier órbita, sino que solo estaban permitidos ciertos niveles de energía bien definidos. Esta idea

—la cuantización de la energía— permitía explicar por qué los electrones no colapsaban hacia el núcleo. Simplemente no les estaba permitido ocupar estados arbitrarios.

Bohr llamó a su propuesta modelo de órbitas estacionarias. Según este esquema, los electrones podían saltar de una órbita a otra absorbiendo o emitiendo fotones, y cada transición correspondía a una cantidad específica de energía. Esta hipótesis explicaba con gran precisión el espectro de emisión del hidrógeno y otros átomos sencillos.

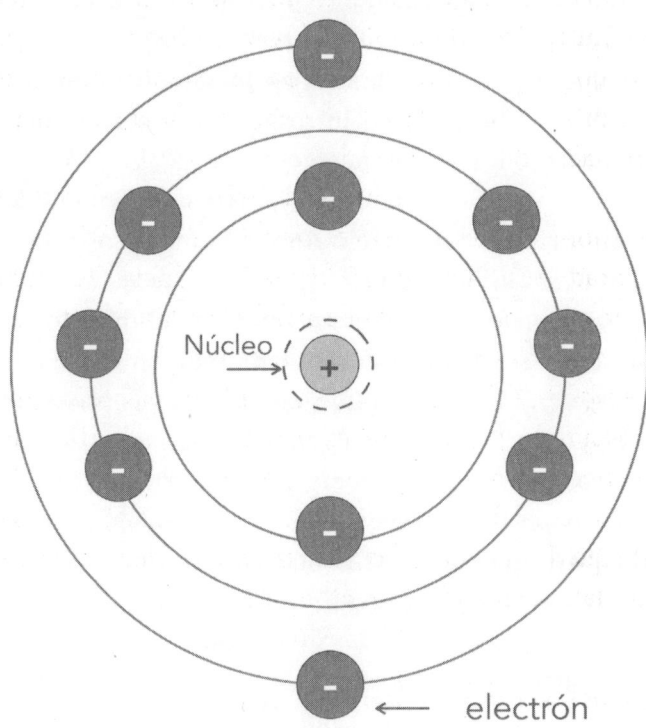

Modelo atómico de Bohr.

Sin embargo, el modelo mostraba sus límites al tratar de describir átomos más complejos, como el helio o elementos más pesados. Además, debido al contexto histórico en que fue desarrollado, no incorporaba algunos conceptos que más tarde serían fundamentales en la mecánica cuántica moderna, como la dualidad onda-partícula o el principio de incertidumbre.

A pesar de sus limitaciones, el modelo de Bohr fue un paso crucial. Por primera vez, se introducía conscientemente la cuantización en la estructura interna del átomo, sentando las bases para el desarrollo de modelos más sofisticados.

Del modelo de Schrödinger al actual

En 1926, el físico austríaco Erwin Schrödinger propuso una nueva manera de entender el átomo. En lugar de imaginar a los electrones siguiendo órbitas fijas, los describió como ondas de probabilidad. Su modelo introdujo la célebre ecuación de onda de Schrödinger y el concepto de *nubes electrónicas*, en las que los electrones no ocupan una posición definida, sino que existen en regiones del espacio donde es más probable encontrarlos, es decir, los orbitales.

Esta nueva visión marcó el nacimiento del modelo mecánico-cuántico, y se enriqueció rápidamente con contribuciones fundamentales. Louis de Broglie, en 1924, había propuesto que partículas como los electrones también exhibían propiedades ondulatorias. Werner Heisenberg y Max Born, en 1925, consolidaron las bases de la mecánica cuántica moderna, proporcionando las herramientas matemáticas para describir un universo gobernado por probabilidades.

Uno de los principios más revolucionarios surgió en 1927, cuando Heisenberg formuló el principio de incertidumbre. Según este principio, no es posible conocer con exactitud, y al mismo tiempo, la posición y la velocidad de un electrón. Esta limitación no es consecuencia de la imprecisión de nuestros instrumentos, sino una característica intrínseca del mundo cuántico.

Así, el modelo actual abandona la imagen clásica de trayectorias bien definidas y adopta una descripción probabilística del comportamiento electrónico. La ecuación de Schrödinger permite calcular la probabilidad de encontrar un electrón en un determinado lugar, reemplazando la precisión absoluta del determinismo clásico por un marco estadístico.

Este modelo sigue vigente en la actualidad. Es la base de la química cuántica, la física del estado sólido, la electrónica moderna y muchas de las tecnologías que sustentan el mundo contemporáneo. Pese a su éxito, tampoco es una descripción definitiva. Continúa evolucionando a medida que exploramos fenómenos aún más extremos y complejos.

PREGUNTAS ABIERTAS EN EL MODELO ACTUAL: PRECISO, PERO NO PERFECTO

Aunque el modelo mecánico-cuántico representa la mejor descripción disponible de la estructura y el comportamiento del átomo, no está exento de limitaciones ni de preguntas abiertas. Estas se vuelven especialmente evidentes cuando intentamos aplicarlo a sistemas complejos, cuando exploramos el significado profundo del proceso de medición, o cuando intentamos integrarlo con la relatividad.

Por ejemplo, el modelo tiene dificultades para describir con precisión átomos con muchos electrones o moléculas complejas. En estos casos, es necesario recurrir a métodos numéricos o aproximaciones, lo que puede limitar tanto la precisión como la comprensión de las estructuras y sus interacciones.

Además, aunque el modelo describe correctamente los niveles de energía accesibles para los electrones, no detalla con exactitud por qué ni cómo ocurre una transición entre ellos. Para entender estos procesos con mayor rigor, es necesario acudir a teorías más avanzadas, como la electrodinámica cuántica, que describe de forma precisa la interacción entre la luz y la materia.

Otro aspecto no contemplado originalmente es el espín electrónico, una propiedad intrínseca de las partículas que tuvo que ser incorporada posteriormente al marco cuántico. Tampoco incluye los efectos relativistas, es decir, el comportamiento de los electrones a velocidades cercanas a la de la luz. Estos efectos se vuelven cruciales en átomos pesados o en situaciones de energía extrema.

Sin embargo, que el modelo no lo explique todo no es una debilidad, sino una oportunidad. Reconocer sus límites es, precisamente, lo que impulsa el avance del conocimiento. Saber que existen fenómenos reales que escapan a su alcance es una invitación a seguir preguntando. La ciencia crece en ese espacio de incertidumbre; en cada límite identificado, hay una posibilidad de descubrir algo nuevo.

ENTENDER LOS ÁTOMOS PARA ENTENDER LA REALIDAD

En los capítulos que siguen pondremos el foco principalmente en el comportamiento de los electrones dentro de los átomos. Y no es casualidad, ya que, en el mundo cuántico, los electrones son protagonistas clave. Son ellos quienes cambian de estado, interactúan con la luz, y dan lugar a muchos de los fenómenos que transforman la materia.

El modelo atómico actual nos muestra que los electrones ocupan niveles de energía bien definidos. Cuando cambian de nivel al ganar o perder energía, lo hacen absorbiendo o emitiendo fotones cuya energía coincide exactamente con la diferencia entre esos niveles. Este mecanismo sencillo en apariencia es la base de numerosos procesos cuánticos, tanto naturales como tecnológicos.

Con estas ideas fundamentales como punto de partida, nos adentraremos ahora en fenómenos que, aunque tienen lugar en lo más profundo de la materia, dejan huella en nuestra vida cotidiana. Algunos nos resultan familiares, otros siguen desafiando nuestra intuición. Todos, sin excepción, nos ofrecen una nueva forma de mirar el mundo que habitamos.

SEGUNDA PARTE

FENÓMENOS CUÁNTICOS EN NUESTRO DÍA A DÍA

5

ONDAS Y RADIACIÓN ELECTROMAGNÉTICA: MENSAJEROS DE LA ENERGÍA

La física cuántica nació a partir de una observación sorprendente; la energía, a escalas microscópicas, no fluye de manera continua, sino a saltos. Ese descubrimiento cambió para siempre nuestra forma de entender el átomo, la luz y la materia.

Hoy sabemos que los electrones pueden absorber o emitir pequeñas cantidades de energía al cambiar de nivel dentro del átomo, y que esa energía se transporta en forma de fotones. Pero para comprender con claridad cómo ocurre esa interacción, necesitamos dar un paso atrás y entender qué es realmente un fotón, cómo se relaciona con la luz, y por qué hablamos de frecuencias y ondas al describir estos fenómenos.

Aunque a menudo se asocia la física cuántica con lo extremadamente pequeño, sus efectos se manifiestan en el mundo que nos rodea. El color de los objetos, la transparencia del vidrio, la luz del fuego o la radiación de un microondas son expresiones cotidianas de procesos que involucran ondas electromagnéticas.

Antes de sumergirnos en esos fenómenos, dedicaremos unas páginas a entender qué es una onda, cómo se propaga la radiación electromagnética y qué papel juega la frecuencia en todo ello. Porque, en el fondo, buena parte de la física cuántica se resume en comprender cómo la energía se mueve y se transforma en forma de ondas.

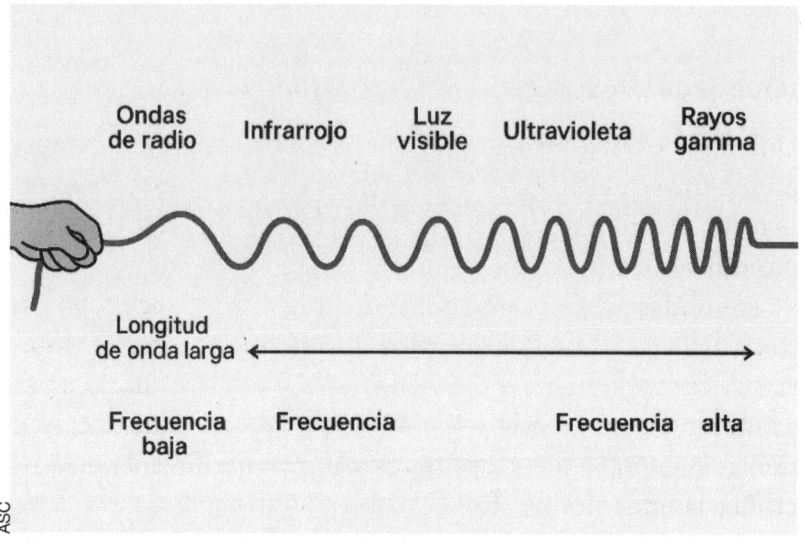

Una forma sencilla de visualizar estos conceptos es imaginar
una cuerda larga y tensa que sostenemos por un extremo.

RADIACIÓN ELECTROMAGNÉTICA: ENERGÍA EN MOVIMIENTO

La expresión *radiación electromagnética* puede sonar técnica o incluso intimidante a primera vista. Sin embargo, estamos rodeados de ella constantemente. La luz que vemos cada mañana al abrir una ventana no es otra cosa que un tipo de radiación electromagnética.

En esencia, la radiación electromagnética es una forma de energía que se propaga por el espacio en forma de ondas. A diferencia de otros tipos de ondas, como las del sonido o el agua, no necesita un medio material para desplazarse, sino que puede viajar perfectamente a través del vacío, como lo hace la luz del Sol hasta llegar a nosotros.

Esta energía se manifiesta como oscilaciones de dos campos, uno eléctrico y otro magnético, que se generan de manera simultánea y se propagan en direcciones perpendiculares entre sí.

¿Qué es una onda? Frecuencia y longitud de onda

Una onda es una forma en la que una perturbación se transmite a través del espacio o de un material. En el caso de la radiación electromagnética, lo que se propaga son las variaciones periódicas de los campos eléctrico y magnético.

Las ondas pueden caracterizarse, entre otros aspectos, por su frecuencia y su longitud de onda, dos maneras complementarias de describirlas. La frecuencia indica cuántas oscilaciones se producen en un segundo. Cuanto mayor es la frecuencia, más oscilaciones ocurren en ese tiempo, y mayor es la energía asociada a la onda.

La longitud de onda, en cambio, es la distancia entre dos puntos equivalentes de la onda, por ejemplo, entre dos crestas consecutivas. Si las crestas están muy separadas, la longitud de onda es larga; si están próximas, es corta. La frecuencia y la longitud de onda están inversamente relacionadas: cuando una aumenta, la otra disminuye. En otras palabras, si una onda oscila más rápido, las oscilaciones estarán más próximas entre sí.

A lo largo del texto, nos referiremos habitualmente a la frecuencia, aunque en ocasiones también hablaremos de longitud de onda, ya que ambas descripciones son equivalentes.

Una forma sencilla de visualizar estos conceptos es imaginar una cuerda larga y tensa que sostenemos por un extremo. Si la agitamos de arriba abajo, generamos una onda que se propaga a lo largo de la cuerda. La cuerda en sí no se desplaza; lo que se avanza es la perturbación. En este caso, la frecuencia sería el número de veces que agitamos la cuerda por segundo, y la longitud de onda, la distancia entre dos crestas consecutivas. Si movemos la cuerda rápidamente, las ondas serán más frecuentes y estarán más juntas; si el movimiento es lento y amplio, las ondas estarán más separadas.

Este ejemplo describe una onda mecánica, que necesita un soporte material —en este caso, la cuerda— para propagarse. Las ondas electromagnéticas, en cambio, pueden viajar incluso en el vacío.

El espectro electromagnético: la luz más allá de lo visible

Existen muchos tipos de radiación electromagnética, cada uno asociado a una determinada frecuencia. Todos ellos se organizan dentro del llamado espectro electromagnético, una clasificación de las distintas formas de radiación ordenadas según su frecuencia o, de forma equivalente, según su longitud de onda.

En el extremo de menor frecuencia y energía se encuentran las ondas de radio. A medida que la frecuencia aumenta, encontramos: las microondas, la radiación infrarroja, la luz visible, la ultravioleta, los rayos X, y, finalmente, los rayos gamma, que son los más energéticos. Cada uno de estos tipos tiene propiedades y aplicaciones distintas, pero todos comparten la capacidad de transportar energía mediante oscilaciones de campos eléctricos y magnéticos.

La luz visible constituye solo una estrecha franja dentro del espectro electromagnético, situada entre el infrarrojo y el ultravioleta. Se llama «visible» porque es la única parte del espectro que podemos percibir directamente con nuestros ojos. El resto de la radiación es invisible para nosotros, aunque puede detectarse con instrumentos especializados, como las cámaras térmicas que registran el infrarrojo.

A veces usamos el término «luz» de forma amplia para referirnos a toda la radiación electromagnética, aunque, estrictamente, la luz es solo la porción visible del espectro. Por ejemplo, cuando hablamos de la luz del Sol, solemos incluir también la radiación infrarroja y ultravioleta.

El Sol emite radiación electromagnética en un amplio rango de frecuencias. La mayor parte de su energía se concentra en el ultravioleta, el visible y el infrarrojo cercano, aunque también emite pequeñas cantidades en otras regiones, como los rayos X o las ondas de radio, especialmente durante fenómenos intensos como las erupciones solares.

Todos estos tipos de radiación están formados por fotones. Cuando decimos que un electrón emite un fotón de una determinada frecuencia, estamos diciendo que libera una cantidad específica de energía que sitúa ese fotón en una región concreta del espectro. Si la frecuencia corresponde a la luz visible, podemos observar esa emisión directamente; si no, necesitaremos instrumentos específicos para detectarla.

Del mismo modo, cuando un electrón absorbe un fotón, lo hace solo si su energía coincide exactamente con la diferencia entre dos niveles posibles. Esa coincidencia permite al electrón realizar una transición cuántica, saltando de un estado a otro.

UNA PALETA DE FRECUENCIAS

La radiación electromagnética es mucho más que un concepto físico: es la base de cómo vemos, sentimos el calor y percibimos el mundo. Ahora que conocemos qué es una onda, cómo se mide su frecuencia y qué significa que un fotón transporte energía, podemos empezar a desvelar los fenómenos cuánticos que nos rodean.

Empezaremos por uno que está en todas partes, aunque pocas veces lo miremos con atención: el color de las cosas.

6

DE QUÉ COLOR ES LA CUÁNTICA: FENÓMENOS NATURALES QUE SOLO LA CUÁNTICA EXPLICA

La física cuántica nació con una idea tan sencilla como radical: la energía no se transmite de forma continua, sino en pequeñas unidades indivisibles llamadas cuantos. Este concepto transformó la manera en que entendemos el interior del átomo.

Los electrones no se mueven libremente entre posiciones, sino que ocupan niveles de energía definidos, llamados orbitales. Para pasar de uno a otro, deben absorber o emitir un fotón cuya energía coincida exactamente con la diferencia entre esos niveles. Son precisamente esos saltos cuánticos los que vinculan el color de los objetos con los principios de la mecánica cuántica.

Según esta teoría, los colores que percibimos no son propiedades intrínsecas de la materia, sino el resultado de interacciones entre la luz y los electrones. Es decir, procesos de absorción y emisión de fotones que se producen al cambiar de nivel energético.

En los capítulos anteriores vimos que cada fotón transporta una cantidad específica de energía, determinada por su frecuencia. También aprendimos que los electrones solo responden a aquellas frecuencias que encajan con las diferencias entre sus estados cuánticos.

A lo largo de este capítulo, veremos cómo estos principios explican fenómenos tan cotidianos como el color de una superficie iluminada, la estabilidad de la materia o el brillo de un metal al rojo. El color, lejos de ser un rasgo superficial, es una huella visible de los procesos cuánticos que ocurren continuamente a nuestro alrededor.

El color de las cosas: una historia de saltos cuánticos

En realidad, los objetos no tienen un color intrínseco. Su apariencia depende de cómo interactúan sus electrones con la luz que los ilumina. Cuando la luz blanca —que contiene todas las frecuencias del espectro visible— incide sobre un objeto, parte de esa luz es absorbida, mientras que otra parte se refleja o se transmite. La mezcla de longitudes de onda que se reflejan es la que llega a nuestros ojos, y es esa combinación la que nuestro cerebro interpreta como un color determinado.

Curiosamente, debido a cómo procesamos la luz, el color que percibimos suele ser el complementario, en el círculo cromático, del que ha sido absorbido. Por ejemplo, si una molécula absorbe luz azul, puede parecer anaranjada. O si absorbe principalmente rojo y verde, la percibimos como azul.

Cada material manifiesta el color de manera distinta, según su estructura atómica. En los pigmentos orgánicos —como la clorofila (verde), los betacarotenos (naranja) o el licopeno (rojo)— los colores son especialmente vivos y saturados. Esto se debe a que sus moléculas, formadas principalmente por átomos de carbono e hidrógeno, unidas mediante *enlaces conjugados*, es decir, estructuras donde los electrones no están confinados entre dos átomos, sino que pueden desplazarse a lo largo de toda la cadena conjugada.

Desde el punto de vista cuántico, estos sistemas generan múltiples niveles de energía muy cercanos entre sí. Esto permite que los electrones realicen transiciones al absorber fotones con energías específicas. Cuanto más extenso es el sistema conjugado, más fácilmente puede absorber luz, ya que la energía necesaria para excitar electrones disminuye.

Un pigmento que absorbe casi todo el espectro visible y refleja solo una franja estrecha producirá un color muy puro y saturado, siempre que la intensidad de la luz reflejada sea suficiente para que el ojo lo perciba claramente. Por eso, algunos pigmentos oscuros, como el índigo o el negro azulado, presentan colores intensos pero poco brillantes, mientras que los pigmentos fluorescentes parecen extremadamente vivos, ya que no solo reflejan luz, sino que reemiten parte de la energía absorbida en forma de luz adicional.

En los metales, el comportamiento es distinto. Los electrones más externos no pertenecen a átomos individuales, sino que se mueven libremente a través del sólido, formando lo que se conoce como un mar de electrones o bandas de energía (de las cuales hablaremos más adelante en el capítulo 11). Esta movilidad es posible porque los átomos están tan próximos que sus niveles de energía se solapan, permitiendo que los electrones se desplacen con facilidad.

Cuando la luz incide sobre un metal, esos electrones libres responden casi instantáneamente al campo electromagnético de la luz, oscilando colectivamente y reemitiendo esa energía como luz reflejada. Por eso, en los metales, la mayor parte de la luz no se absorbe ni se transmite, sino que «rebota» en su superficie, generando ese brillo característico.

Algunos metales, como el oro o el cobre, presentan un comportamiento particular. El oro absorbe parte de la luz azul del espectro visible y no la reemite, mientras que refleja preferentemente las longitudes de onda correspondientes al rojo y al amarillo, lo que le da su color dorado tan distintivo. Este fenómeno se debe a efectos específicos en la estructura electrónica del metal, que incluyen ajustes que escapan a los modelos más simples. Algo similar ocurre con el cobre, que absorbe principalmente en el rango azul-verde, reflejando sobre todo luz del espectro naranja-rojo.

Cuando la energía se ordena: el secreto de la estabilidad

Hay una consecuencia de la cuantización de la energía que resulta absolutamente esencial para la existencia del mundo tal como lo conocemos: la estabilidad de la materia. El simple hecho de que los átomos tengan una estructura definida, de que las cosas mantengan su forma y de que podamos existir, depende directamente de este principio.

Curiosamente, la física clásica no podía explicar satisfactoriamente por qué la materia es estable. Según sus leyes, los electrones que orbitan alrededor del núcleo atómico deberían emitir radiación de forma continua, perdiendo energía y cayendo en espiral hacia el núcleo en fracciones de segundo. Eso haría imposible la existencia de átomos estables y, con ellos, de cualquier forma de materia duradera.

La mecánica cuántica ofrece una solución natural a este problema. Gracias a la cuantización de la energía, los electrones no pueden ocupar cualquier órbita ni perder energía de forma continua. Solo pueden situarse en determinados niveles permitidos, y las transiciones entre ellos implican la emisión o absorción de fotones con una energía muy precisa.

Pero incluso con niveles discretos, podría parecer que todos los electrones acabarían descendiendo poco a poco hasta ocupar el estado más bajo de energía, lo que, en principio, también pondría en peligro la integridad de la materia.

Aquí entra en juego otro pilar de la mecánica cuántica: el principio de exclusión de Pauli. Este principio establece que dos electrones no pueden compartir exactamente el mismo estado cuántico. Cada uno debe diferenciarse en algún aspecto, ya sea su energía, su espín o alguno de los números cuánticos que lo describen.

Esta restricción impide que todos los electrones caigan al mismo nivel. Una vez ocupados los estados de menor energía, los demás deben distribuirse en niveles superiores. Así se organiza la estructura electrónica de los átomos y, con ella, la solidez del mundo material. La materia es estable porque la energía se ordena. Y esa organización es, en última instancia, una consecuencia de la mecánica cuántica.

EL COLOR DEL CALOR: CÓMO LA TEMPERATURA PINTA LA LUZ

Hasta ahora hemos visto cómo la interacción entre luz y materia determina los colores de los objetos a temperatura ambiente. Pero ¿qué ocurre cuando un objeto se calienta? ¿Por qué cambia su color? La respuesta vuelve a llevarnos al corazón de la mecánica cuántica.

Cuando la temperatura de un cuerpo aumenta, sus átomos comienzan a emitir fotones con mayor energía. Este fenómeno, conocido como radiación térmica, sigue un patrón descrito por la ley de Planck. A temperaturas moderadas —de unos cientos de grados—, los fotones emitidos se encuentran principalmente en el rango del infrarrojo, fuera del espectro visible. Pero a medida que el objeto se calienta, empieza a emitir luz en las frecuencias más bajas del espectro visible, comenzando por el rojo.

Alrededor de los 700 °C, aparece ese resplandor rojizo característico. Si la temperatura sigue aumentando, se suman nuevas frecuencias visibles: primero el naranja, luego el amarillo, y más adelante, a temperaturas aún más elevadas, una luz blanca que puede llegar a tornarse azulada.

La razón por la que el rojo es el primer color visible tiene que ver con la energía, ya que es la frecuencia más baja dentro del espectro visible. Solo cuando los fotones alcanzan esa energía mínima comenzamos a ver luz emitida. Para que aparezcan colores más «energéticos», como el azul o el violeta, hace falta más temperatura, es decir, más energía disponible.

Este comportamiento se manifiesta en ejemplos cotidianos. En una tostadora, por ejemplo, las resistencias metálicas alcanzan temperaturas de entre 600 °C y 800 °C. En ese rango, la radiación térmica empieza a entrar en el espectro visible, y por eso las vemos brillar en rojo. Lo mismo ocurre con las brasas encendidas; su tono rojizo indica que están emitiendo fotones justo por encima del umbral de lo visible. Si alcanzaran temperaturas mucho más altas, su color cambiaría progresivamente hacia el naranja, el amarillo y el blanco. Pero en una barbacoa típica, rara vez se superan los 1 000 °C.

Así, la mecánica cuántica nos revela que algo tan cotidiano y aparentemente sencillo como el brillo rojo de una tostadora caliente oculta un principio físico profundo. Cuando un objeto brilla debido al calor, no lo hace de manera continua ni arbitraria. La intensidad y el color de esa luz reflejan cómo los átomos están liberando energía en forma de fotones, siguiendo las reglas discretas impuestas por la mecánica cuántica.

VIVIMOS EN UN MUNDO CUÁNTICO

A lo largo de este capítulo hemos visto cómo los fenómenos cuánticos no son rarezas confinadas a laboratorios ni a teorías abstractas. Son, en realidad, la base silenciosa sobre la que se construye nuestra experiencia cotidiana. La mecánica cuántica explica por qué los objetos tienen color, la materia es estable y el calor de una brasa brilla en la oscuridad.

Aunque a veces parezca distante o incomprensible, la física cuántica está en todas partes. Está en la calidez del Sol sobre la piel, en el color vibrante de una flor, en el resplandor sutil de una taza de café recién servido. Vivimos inmersos en un mundo cuántico, aunque no siempre lo reconozcamos como tal.

Tal vez una de las formas más hermosas de acercarnos a la física cuántica sea, simplemente, aprender a ver sus huellas en lo cotidiano. Comprender los pequeños secretos del mundo que habitamos nos despierta asombro y nos sitúa dentro de un universo profundamente coherente y sutil.

En el próximo capítulo daremos un paso más. Veremos cómo esas mismas ideas que surgieron para explicar fenómenos desconcertantes dieron lugar a tecnologías reales que han transformado nuestro mundo, desde los primeros dispositivos cuánticos hasta el inicio de una nueva era tecnológica. Porque la física cuántica, además de sostener la naturaleza que contemplamos cada día, también está abriendo las puertas del futuro.

TERCERA PARTE

TECNOLOGÍAS CUÁNTICAS EN NUESTRO DÍA A DÍA

7

EL EFECTO FOTOELÉCTRICO ME ABRE
LA PUERTA DEL GARAJE

Hemos visto cómo la física cuántica explica algunos aspectos esenciales del mundo que nos rodea, desde el color de los objetos hasta la estabilidad de la materia. Ahora es momento de ir más allá: explorar fenómenos concretos en los que lo cuántico no solo está presente, sino que resulta indispensable.

Seguramente alguna vez has entrado en el garaje poco después de que otro vecino pasara con su coche, has visto cómo la puerta comenzaba a cerrarse y, al cruzar la entrada, se ha detenido y vuelto a subir para evitar golpear tu vehículo. O quizá, dentro de un ascensor, la puerta estaba a punto de cerrarse, pero al detectar algo en su camino, se ha abierto de nuevo, evitando atrapar la bolsa de la compra o el borde de un abrigo.

Es como si, a ambos lados de la puerta, existiera un cordel invisible con un cascabel que, al rozarlo, tintineara para avisar al mecanismo de que aún hay alguien tratando de pasar. Pues bien, no se trata de un fino cordel ni de un cascabel, sino de un haz de luz que permanece atento a cualquier interrupción.

Lo que está sucediendo es que estas puertas están equipadas con fotocélulas o células fotoeléctricas que funcionan emitiendo un haz de luz entre un emisor y un receptor. Cuando un objeto interrumpe el haz, ya sea un coche, una persona o cualquier otro obstáculo, el receptor detecta la interrupción y envía una señal eléctrica al sistema de control, que responde de inmediato deteniendo o revirtiendo el cierre de la puerta. Así, se evita que esta se cierre cuando aún hay algo en su camino.

Esta tecnología es discreta, eficaz y cotidiana. Y, sin embargo, lo que ocurre dentro de ese receptor es uno de los fenómenos más fundamentales y reveladores de la física moderna: el efecto fotoeléctrico.

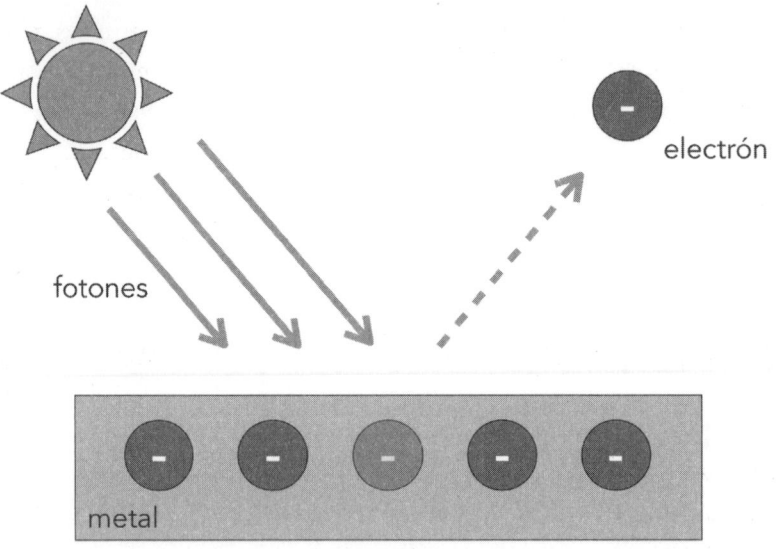

Efecto fotoeléctrico.

¿QUÉ TIENE QUE VER LA CUÁNTICA EN TODO ESTO?

El corazón de estas fotocélulas funciona gracias al fenómeno cuántico conocido como el efecto fotoeléctrico. Se trata de un proceso en el que la luz, al incidir sobre ciertos materiales, arranca electrones de su superficie, pudiendo llegar a general una corriente eléctrica. Lo sorprendente es que este efecto no depende de la intensidad de la luz empleada, sino de su frecuencia. De manera que una luz tenue puede producirlo, siempre que tenga la energía suficiente.

Esto desafió de lleno las predicciones de la física clásica, que esperaba una respuesta proporcional a la intensidad. La clave está en que la luz no se comporta como una onda continua, sino que está compuesta por unidades discretas de energía: los fotones. Cada fotón transporta una cantidad precisa de energía, y solo si esa energía supera un umbral, puede liberar un electrón del material.

El efecto fotoeléctrico fue una de las claves que impulsaron el nacimiento de la mecánica cuántica. Un fenómeno desconcertante a finales del siglo XIX, que revelaba que la luz —hasta entonces considerada una onda pura— tenía también una naturaleza corpuscular. Era el comienzo de una nueva forma de entender la realidad.

¿En qué consiste el efecto fotoeléctrico?

El efecto fotoeléctrico es la emisión de electrones por parte de un material cuando se le ilumina con luz de cierta frecuencia. Su nombre ya sugiere su naturaleza: «foto» alude a la luz, y «eléctrico» a los electrones liberados.

Lo que ocurre es que cada haz de luz está formado por fotones, es decir, paquetes discretos de energía. Al incidir sobre un material, estos fotones pueden transferir su energía a los electrones. Si la energía del fotón es suficiente, puede arrancar un electrón de su lugar. Parte de esa energía se emplea en liberarlo del material, y el resto el electrón la utiliza para escapar al exterior.

Si la frecuencia de la luz es demasiado baja, los fotones no tendrán la energía mínima necesaria, por más intensa que sea la iluminación. Esta energía mínima se conoce como energía umbral, y varía según el material.

La energía de un fotón está relacionada directamente con su frecuencia, como expresó Planck en 1900: a mayor frecuencia, mayor energía. Por eso, los fotones de luz ultravioleta son más energéticos que los de luz visible, y estos más que los del infrarrojo.

Así, el efecto fotoeléctrico depende de la frecuencia de la luz incidente, no de su intensidad. Podemos proyectar mucha luz —es decir, muchos fotones—, pero si cada uno no alcanza la energía umbral, no se liberará ningún electrón.

Por ejemplo, si iluminamos una placa de cobalto con luz visible (roja o azul) no se produce el efecto, por mucho que insistamos. En cambio, si usamos luz ultravioleta, rayos X o rayos gamma, sí lograremos liberar electrones, ya que sus fotones tienen energía suficiente.

Este comportamiento fue profundamente revelador. Si la luz se comportara únicamente como una onda, bastaría con aumentar la intensidad para arrancar electrones. Pero no es así. El efecto fotoeléctrico mostró que la luz también se comporta como una colección de partículas de energía discreta. Fue una de las primeras señales claras de que las leyes clásicas no bastaban, y marcó el inicio de una nueva física.

¿CÓMO, QUIÉNES Y CUÁNDO SE DESCUBRIÓ EL EFECTO FOTOELÉCTRICO?

El efecto fotoeléctrico fue observado por primera vez a finales del siglo XIX, pero harían falta años de experimentos, debates y cambios de perspectiva para comprender su origen. Como tantas veces en la historia de la ciencia, se trató de un esfuerzo colectivo que avanzó paso a paso, a partir de observaciones inesperadas, ideas audaces y una voluntad firme de cuestionar lo que se daba por hecho.

Una observación casual

Todo comenzó en 1887, mientras el físico alemán Heinrich Hertz realizaba experimentos con ondas de radio tratando de demostrar la existencia de las ondas electromagnéticas predichas por Maxwell. Durante estos ensayos, observó un comportamiento curioso: al iluminar ciertos metales con luz ultravioleta, las chispas eléctricas de su aparato se intensificaban. No era algo que buscara, y aunque trató de explicarlo, no logró entender qué ocurría. En ese momento ni siquiera se conocía la existencia del electrón, y la mecánica cuántica aún no había sido formulada. Así que Hertz documentó con sumo detalle sus observaciones y las compartió con la comunidad científica, dejando constancia de que la física clásica no ofrecía respuesta para aquel efecto inesperado.

Un año más tarde, en 1888, el físico alemán Wilhelm Hallwachs retomó la pista. Observó que al iluminar con luz ultravioleta una placa de zinc conectada a un electroscopio, la placa perdía carga negativa, o se cargaba positivamente si era neutra. Esto confirmaba las observaciones de Hertz y apuntaba a que la luz estaba provocando la expulsión de partículas cargadas negativamente desde la superficie metálica.

Avances que arrojaron luz

En esa época aún no se conocía la estructura interna del átomo ni se había identificado ninguna partícula elemental. Eso cambió en 1899, cuando J. J. Thomson descubrió el electrón y permitió reinterpretar los experimentos anteriores a la luz de esta nueva realidad. Poco después, el físico húngaro Philipp Lenard, discípulo de Hertz, llevó a cabo estudios más sistemáticos y detallados. Así, en 1902 descubrió que la emisión de electrones no dependía de la intensidad de la luz, como predecía la teoría clásica, sino de su frecuencia. Una luz roja, por muy intensa que fuera, no liberaba electrones; mientras que una luz ultravioleta, incluso débil, sí lo hacía.

Era una observación desconcertante que desafiaba todo lo que se creía saber sobre la naturaleza ondulatoria de la luz.

Una explicación sorprendente

La explicación definitiva llegó en 1905, cuando un joven Albert Einstein propuso una idea revolucionaria al sugerir que la luz está compuesta por paquetes de energía llamados cuantos de luz, aunque hoy los conocemos como fotones. Cada fotón transporta una cantidad de energía proporcional a la frecuencia de la luz. Si esa energía supera un umbral, puede arrancar un electrón del material. De ahí que lo relevante no sea la intensidad, sino la frecuencia de la luz incidente.

La propuesta de Einstein resolvía el enigma del efecto fotoeléctrico, pero también rompía con la visión clásica de la luz como una onda continua. Como era de esperar, su planteamiento fue recibido con escepticismo, aunque el tiempo y los experimentos terminarían dándole la razón.

El reconocimiento oficial llegó en 1921, cuando Einstein recibió el Premio Nobel de Física, específicamente «por sus servicios a la Física Teórica, y especialmente por su descubrimiento de la ley del efecto fotoeléctrico». Un reconocimiento que subrayaba la importancia fundamental de aquel salto conceptual que, en su momento, parecía casi herético.

¿QUÉ PUEDE HACER EL EFECTO FOTOELÉCTRICO POR MÍ?

Como hemos visto, cuando ciertos metales se iluminan con la luz adecuada, pueden liberar electrones de su superficie. Si la luz se mantiene constante, también lo hace la emisión de electrones, generando una corriente eléctrica continua. Esa corriente, por pequeña que sea, puede medirse y aprovecharse para activar mecanismos. Es así como muchos dispositivos convierten la luz en una señal útil, gracias al efecto fotoeléctrico.

Las formas de generar e interpretar esa señal son tan diversas como ingeniosas. Esta tecnología está presente en una sorprendente variedad de sistemas, muchos de ellos tan cotidianos que rara vez pensamos en su origen cuántico. De hecho, la mayoría de los sistemas de detección emplean células fotoeléctricas como parte fundamental de su funcionamiento.

Detección mediante células fotoeléctricas

Estas células contienen materiales sensibles a la luz, capaces de liberar electrones cuando absorben fotones. Un ejemplo clásico es el de las células reflectivas, que emiten un haz de luz hacia un espejo. Mientras ese haz regresa sin interrupciones, el sistema interpreta que todo está en orden. Pero si algo, por ejemplo, una persona, una bolsa o un coche interrumpe el trayecto de la luz, la corriente se detiene y el sistema lo registra como una presencia.

Este mecanismo está presente en puertas automáticas, ascensores y garajes, donde evita accidentes al impedir que se cierren cuando alguien aún está pasando. También se utiliza en tiendas para contar cuántas personas pasean por una sección o, incluso, en competiciones deportivas para medir con precisión cuándo un atleta cruza una línea de salida o de meta.

Más allá de la detección de objetos, estas células también actúan como sensores de luz ambiental. Un ejemplo familiar son las farolas automáticas que se encienden al anochecer. Cuando disminuye la cantidad de luz solar, la célula recibe menos fotones, la corriente cae por debajo de un umbral y el sistema activa automáticamente la iluminación.

Otra aplicación menos conocida, pero igual de ingeniosa, es la del alcoholímetro fotométrico. En este caso, el aliento de la persona reacciona con un químico que cambia de color. Una fuente de luz atraviesa esa sustancia y llega a un fotodetector. Cuanto más oscuro se vuelve el color, menos luz llega al sensor y menor es la corriente generada. Esa señal eléctrica se convierte en una medida numérica que indica el nivel de alcohol en sangre.

El efecto fotoeléctrico me copia los apuntes

Entre todos los dispositivos que emplean el efecto fotoeléctrico, hay uno que quizá no asociaríamos de inmediato con la física cuántica: la fotocopiadora. Sin embargo, su funcionamiento se basa en un proceso llamado xerografía, que combina cargas electrostáticas con un fotorreceptor sensible a la luz. Y es precisamente ahí donde el efecto fotoeléctrico entra en juego, permitiendo generar una especie de «copia electrostática» del documento original.

Cuando colocamos un documento boca abajo sobre el cristal de la fotocopiadora, una lámpara halógena lo escanea, proyectando su luz sobre un tambor fotosensible previamente cargado con electricidad estática. En las zonas blancas del documento, la luz reflejada es intensa y sus fotones liberan electrones del tambor, neutralizando la carga eléctrica en esas áreas. En cambio, las zonas oscuras, que reflejan menos luz, no reciben suficientes fotones como para provocar el efecto fotoeléctrico, por lo que conservan su carga.

El resultado es una imagen electrostática latente sobre el tambor. A continuación, se aplica el tóner, cuyas partículas tienen carga positiva y se adhieren únicamente a las zonas que conservan carga negativa. Esa imagen se transfiere al papel, que ha sido cargado eléctricamente de forma opuesta para atraer la imagen del tóner, y pasa por unos rodillos calientes que funden el tóner, fijándolo de manera permanente.

La próxima vez que utilices una fotocopiadora, no la mirarás con los mismos ojos.

No confundir con el efecto fotovoltaico

Quizá te preguntes si los paneles solares también funcionan gracias al efecto fotoeléctrico, ya que generan electricidad a partir de la luz solar. La respuesta es que ambos fenómenos están relacionados, pero no son exactamente lo mismo. En este caso, lo que entra en juego es el efecto fotovoltaico.

Cuando los fotones del Sol inciden sobre un panel solar, generalmente compuesto de silicio, provocan la liberación de electrones del material, algo que se parece mucho al efecto fotoeléctrico. Pero en lugar de que esos electrones escapen libremente al vacío, se encuentran con un campo eléctrico interno que los obliga a desplazarse en una dirección concreta. Así se genera una corriente eléctrica continua y aprovechable.

En el efecto fotoeléctrico convencional, como el que se emplea en sensores o fotocopiadoras, también puede generarse una corriente, pero su objetivo principal es detectar la emisión de electrones al incidir la luz. En el efecto fotovoltaico, en cambio, la generación de electricidad es el propósito central. Se trata de una aplicación más compleja, que se basa en el uso de materiales semiconductores organizados de forma específica para canalizar el movimiento de los electrones.

En resumen, todo efecto fotovoltaico implica un efecto fotoeléctrico, pero no todo efecto fotoeléctrico es fotovoltaico. O dicho de otro modo, mientras que en el efecto fotoeléctrico la luz «golpea» a los electrones y los expulsa del material, en el efecto fotovoltaico los «empuja» dentro del material, haciendo que fluyan y generen energía.

CONCLUSIÓN: PEQUEÑOS FOTONES, GRANDES CONSECUENCIAS

El efecto fotoeléctrico marcó un punto de inflexión en la historia de la ciencia y la tecnología. Fue uno de los primeros indicios claros de que el mundo no podía explicarse únicamente con las leyes de la física clásica. Junto con el estudio de la radiación del cuerpo negro, puso en evidencia que algo esencial estaba cambiando en nuestra forma de comprender la naturaleza. Aquel cambio acabaría por dar lugar a la mecánica cuántica.

Resulta curioso que un fenómeno tan trascendental pueda ser, al mismo tiempo, tan accesible. Hoy en día, una fotocélula cuesta apenas unos pocos euros y puede integrarse en multitud de aplicaciones. Su mecanismo es sencillo y fiable, lo que la hace ideal para sistemas de apertura automática, sensores ambientales, dispositivos de seguridad, alcoholímetros o fotocopiadoras.

El efecto fotoeléctrico es un ejemplo perfecto de cómo una idea sencilla puede tener consecuencias enormes, tanto en la tecnología que usamos a diario como en las teorías que usamos para pensar el universo. De alguna forma, conecta lo más cotidiano con lo más profundo: desde la luz que enciende una farola hasta las bases de una teoría que nos obliga a replantearnos qué entendemos por luz, energía y materia.

8

DE LA DUALIDAD ONDA-PARTÍCULA A LA MICROSCOPÍA ELECTRÓNICA: OBSERVANDO LAS CÉLULAS DESDE DENTRO

Seguro que alguna vez te has cruzado con una imagen extremadamente detallada de un insecto. Una de esas en las que se distinguen con claridad los ojos compuestos, las antenas o las patas. Lo que a simple vista parecía una abejita simpática, se convierte, al ampliarla, en una criatura digna de una pesadilla.

Ese tipo de imágenes no se obtienen con un microscopio óptico convencional. Se logran gracias a microscopios electrónicos, que en lugar de usar luz visible, emplean electrones como fuente para formar las imágenes.

Un microscopio óptico puede resolver detalles del orden de los 200 nanómetros, suficientes para observar células completas o ciertas estructuras externas de insectos. Pero para ver con claridad sus estructuras más pequeñas, como la superficie de sus ojos o el patrón de los pelillos de una pata, hace falta una fuente de iluminación con una longitud de onda mucho menor.

Ahí es donde entran los electrones. Cuando se aceleran, su longitud de onda puede ser unas 100 000 veces menor que la de la luz visible. Eso permite a los microscopios electrónicos revelar detalles a escalas diminutas, desde las estructuras internas de una célula hasta intuir átomos individuales.

Ya hemos visto que las partículas presentan también un comportamiento ondulatorio. Los electrones no son una excepción. Gracias a esa propiedad —la dualidad onda-partícula— pueden usarse no solo como carga eléctrica, sino como una fuente de «iluminación» que permite observar lo que la luz visible no alcanza.

En este capítulo exploraremos qué significa que una partícula tenga una onda asociada, cómo se descubrió ese fenómeno y qué papel juega en una de las tecnologías más fascinantes de la física moderna: la microscopía electrónica.

¿Qué tiene que ver la cuántica en todo esto?

La microscopía electrónica es posible gracias a una propiedad fundamental del mundo cuántico: la dualidad onda-partícula. En este marco, partículas como los electrones pueden comportarse también como ondas. Esa naturaleza ondulatoria permite que los electrones se difracten al atravesar aberturas estrechas o al interactuar con estructuras regulares, del mismo modo que la luz produce patrones de colores cuando incide sobre la superficie de un CD.

Hoy en día, esta idea se considera parte del conocimiento básico sobre la materia, casi al mismo nivel que propiedades como la masa o el espín. Pero no siempre fue así. La posibilidad de que algo tan «puntual» como un electrón tuviera una onda asociada fue, en su momento, una hipótesis osada que rompía con toda la física conocida.

Y, sin embargo, esa hipótesis acabaría abriendo la puerta a una nueva herramienta para observar el mundo con un nivel de detalle antes inimaginable.

¿Cómo, quiénes y cuándo se descubrió la dualidad onda-partícula?

Para que la naturaleza dual de la materia no solo fuera aceptada por la comunidad científica, sino también probada experimentalmente, fue necesario que confluyeran una serie de acontecimientos casi fortuitos, cuya historia merece la pena conocer. Curiosamente, en este caso, la comunidad científica empezó a considerar la propuesta de De Broglie incluso antes de que hubiera pruebas claras, lo que la convierte en una excepción interesante en la historia de la física.

Dualidad onda-partícula

El responsable de introducir esta idea fue Louis de Broglie, historiador, físico y aristócrata francés (de hecho, ostentaba el título de príncipe). Aunque inicialmente se licenció en Historia, su interés por la ciencia nació gracias a su hermano Maurice, que trabajaba en su propio laboratorio privado investigando los espectros de rayos X y el efecto fotoeléctrico. Estar tan cerca de los experimentos de su hermano lo llevó a reflexionar sobre la necesidad de integrar de forma coherente los enfoques ondulatorio y corpuscular de la materia.

En 1924, en su tesis doctoral, De Broglie propuso que a cada partícula libre, como un electrón, debía asociarse una onda. No solo buscaba establecer un marco teórico en el que ondas y corpúsculos pudieran coexistir, sino que además hizo la predicción audaz de que partículas como los electrones, al igual que la luz, podrían experimentar fenómenos típicamente ondulatorios, como la difracción.

Una pista inesperada

Mientras tanto, en Alemania, el físico alemán Walter Elsasser asistía a un seminario donde se presentaron los resultados de un experimento realizado por los físicos estadounidenses, Clinton J. Davisson y Charles Henry Kunsman. En él, un haz de electrones era dirigido hacia una placa de platino dentro de un tubo de vacío. Los investigadores observaron que los electrones no se dispersaban de forma uniforme, sino que formaban una distribución con máximos y mínimos de intensidad según el ángulo. En aquel momento, se interpretó que los electrones se desviaban al atravesar distintas capas electrónicas de los átomos de platino, en mayor o menor medida según la capa que atravesaran.

Poco después, en mayo de 1925, Elsasser leyó unos artículos recientes de Einstein sobre las consecuencias de la teoría cuántica aplicadas a los gases. En ellos, se mencionaba la tesis de Louis de Broglie, publicada recientemente. Intrigado, la buscó en la biblioteca de su ciudad y la estudió con atención. Al encontrar la idea de que toda partícula tiene una onda asociada, recordó aquel seminario y se preguntó si los máximos y mínimos observados no serían, en realidad, un patrón de difracción, como el que producen las ondas al atravesar una rejilla.

Hizo algunos cálculos para comprobar su intuición y, para su sorpresa, encajaban. Aunque aún era solo una hipótesis, escribió una breve nota con sus resultados, que se publicó poco después en una revista científica.

La propuesta de Elsasser generó interés y alimentó los debates teóricos sobre la dualidad onda-partícula. Pero aún faltaba algo fundamental: un experimento que confirmara de forma inequívoca que los electrones, efectivamente, podían comportarse como ondas. Ese experimento llegaría poco después, en 1927, gracias a Davisson, esta vez acompañado por el físico estadounidense Lester Germer.

El experimento final

El experimento que confirmó la naturaleza ondulatoria de los electrones se llevó a cabo en 1927 por Clinton Davisson y Lester Germer, y surgió de una coincidencia inesperada, no de la hipótesis de Elsasser. Todo comenzó con la rotura accidental de una botella de aire líquido, que provocó una explosión en su laboratorio y dañó el equipo con el que estaban estudiando la dispersión de electrones sobre un blanco de níquel.

El calentamiento extremo al que se vio sometido el cristal de níquel hizo que su estructura se reorganizara internamente, provocando una recristalización. Sin saberlo, Davisson y Germer habían obtenido una superficie con una estructura más ordenada. Al repetir el experimento con ese nuevo cristal, comenzaron a observar patrones de dispersión mucho más definidos, que no podían explicarse sin recurrir a la interferencia propia de una onda.

Fue entonces cuando se dieron cuenta de que los electrones no solo se comportaban como partículas: al incidir sobre el cristal, interferían entre sí como lo haría una onda al atravesar una rejilla. El patrón observado era compatible con una longitud de onda específica, que coincidía exactamente con la predicha por Louis de Broglie.

Así, el experimento, ofrecía una evidencia directa del comportamiento ondulatorio de los electrones, y con ello, de la dualidad onda-partícula. Ya no era solo una posibilidad teórica, ahora era visible. Esta vez, a diferencia del experimento anterior de 1923 junto a Kunsman, Davisson y Germer disponían de una superficie cristalina bien definida, lo que permitió observar un patrón de difracción inequívoco, similar al que produce la luz al atravesar un cristal.

Aplicando la dualidad: la invención del microscopio electrónico

Apenas cuatro años después de que se confirmara la naturaleza ondulatoria del electrón, ese conocimiento empezó a traducirse en tecnología. En Alemania, un grupo de científicos comenzó a trabajar en un tipo de microscopio que, en lugar de utilizar luz visible, emplearía electrones acelerados para observar estructuras a escala atómica.

Para poder enfocar esos electrones, del mismo modo que se enfoca la luz en un microscopio óptico, no podían utilizarse las lentes convencionales de vidrio. Fue el físico alemán Hans Busch quien, en 1926, propuso como solución emplear lentes electromagnéticas. Aunque no llegó a construir un prototipo, su trabajo cayó en manos del joven físico alemán Ernst Ruska, que retomó la idea durante su doctorado.

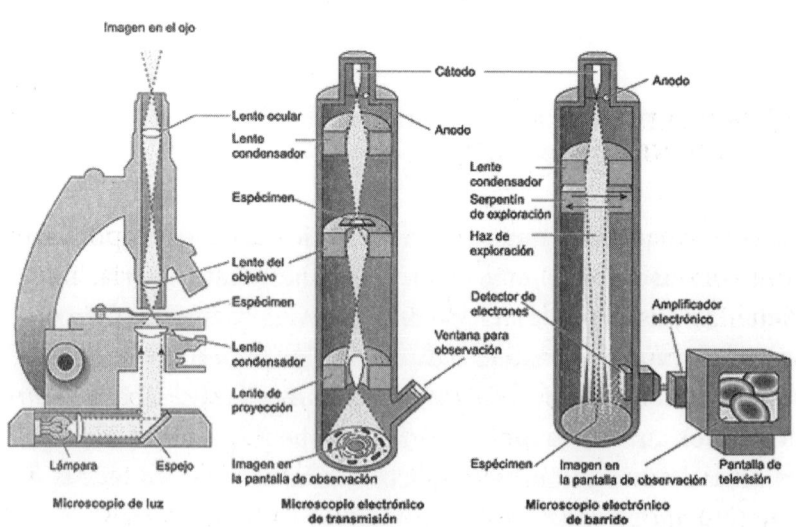

Comparativa entre microscopio óptico y microscopio electrónico.
Fuente: Gartner, L., Hiatt, J. (2002). *Atlas de Histología* (95).

84

Ruska construyó su primera lente enrollando alambre en forma de bobina y rodeándola con hierro, dejando pequeño espacio central. Al hacer circular corriente por el alambre, se generaba un campo magnético en forma de rosquilla, que atravesaba tanto el hierro como ese espacio. Ese campo desviaba y enfocaba el haz de electrones, actuando de forma análoga a una lente óptica.

Para comprobar que funcionaba, Ruska calentó un filamento de tungsteno, que liberaba electrones al encandecerse. Luego, estos electrones eran acelerados mediante un ánodo con carga positiva. Al atravesar finalmente la lente, el haz se enfocaba tal y como él había previsto.

En 1931, junto con el ingeniero Max Knoll, Ruska ensambló el primer microscopio electrónico funcional. Aunque rudimentario, el aparato permitía ampliar más allá del límite de los microscopios ópticos. Años después, en 1939, la empresa Siemens lanzaría el primer modelo comercial, abriendo así la puerta a una nueva era en el estudio de lo microscópico.

¿QUÉ PUEDE HACER LA MICROSCOPÍA ELECTRÓNICA POR MÍ?

La confirmación de que los electrones pueden comportarse como ondas no solo cambió nuestra visión de la materia. También hizo posible el desarrollo de nuevas herramientas para observar el mundo invisible. Una de las más potentes y reveladoras es el microscopio electrónico. Este instrumento, basado en principios cuánticos, permite explorar la materia con un nivel de detalle que sería impensable con la luz visible. Gracias a él, hoy podemos estudiar estructuras biológicas, materiales y organismos a escalas que rozan el nivel atómico.

Funcionamiento del microscopio electrónico

El funcionamiento de un microscopio electrónico se basa en el uso de un haz de electrones, en lugar de luz visible, para obtener imágenes de alta resolución de distintos tipos de muestras. Para generar ese haz, se emplea un cañón de electrones, generalmente formado por un filamento de tungsteno que se calienta hasta emitir electrones. En un microscopio óptico, en cambio, la fuente suele ser una lámpara que emite luz visible.

Una vez generado, el haz de electrones se acelera y se enfoca mediante lentes electromagnéticas, como las propuestas por Busch y Ruska. Estas lentes crean campos magnéticos capaces de controlar con precisión la trayectoria de los electrones. En un microscopio óptico, el enfoque se realiza con lentes de vidrio que desvían los rayos de luz según su curvatura y posición.

El haz incide sobre la muestra, que debe colocarse en una cámara de vacío. Esto es necesario para evitar que los electrones choquen con moléculas del aire, lo que comprometería la calidad de la imagen. Dependiendo del tipo de microscopio electrónico, los electrones pueden atravesar la muestra, como en el microscopio electrónico de transmisión (TEM por sus siglas en inglés), o rebotar en su superficie, como ocurre en el microscopio electrónico de barrido (SEM por sus siglas en inglés).

La imagen se forma a partir de los electrones que han interactuado con la muestra. Estos son recogidos por un detector y procesados por un ordenador, que genera una imagen digital. En un microscopio óptico el proceso es más directo: la luz atraviesa la muestra, que se coloca sobre una pletina transparente, y después pasa por un sistema de lentes que amplifican la imagen, permitiendo observarla directamente a través del ocular.

Gracias a la cortísima longitud de onda de los electrones, los microscopios electrónicos pueden alcanzar resoluciones del orden de 0.1 nanómetros y aumentos superiores al millón de veces. Esto permite estudiar microorganismos, virus, células e incluso estructuras biológicas a escala molecular. En comparación, un microscopio óptico está limitado por la longitud de onda de la luz visible, lo que restringe su resolución a unos 200 nanómetros y su aumento típico a alrededor de 1 000 veces.

Tanto en su versión de transmisión como en la de barrido, el microscopio electrónico sigue siendo una herramienta esencial en investigación y desarrollo. Su capacidad para revelar detalles invisibles a simple vista ha sido clave en disciplinas tan diversas como la biología, la nanotecnología, la ciencia de materiales y la medicina.

La medicina al otro lado del microscopio

Aunque no lo parezca, el microscopio electrónico ha tenido un papel clave en muchas de las herramientas que hoy nos ayudan a diagnosticar y tratar enfermedades. Y ha hecho posible avances médicos que hoy forman parte fundamental del diagnóstico, la investigación biomédica y el desarrollo de tratamientos eficaces.

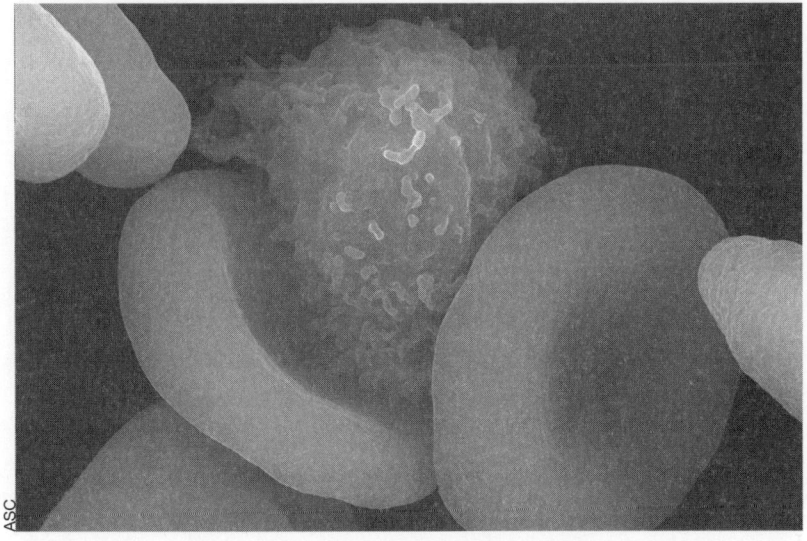

Glóbulos rojos humanos y linfocito observados con microscopio electrónico de barrido.

Por ejemplo, este tipo de microscopía permitió observar por primera vez virus completos, como el del Zika o el VIH, facilitando la comprensión de su estructura y su forma de actuar dentro del organismo. Lo mismo ocurrió con el virus SARS-CoV-2 durante la pandemia: las primeras imágenes detalladas del coronavirus se obtuvieron con microscopía electrónica, y fueron fundamentales para desarrollar vacunas en tiempo récord.

También se utiliza para estudiar tejidos afectados por enfermedades neurodegenerativas, como el alzhéimer, y observar cómo se acumulan ciertas proteínas en el cerebro. O para analizar la eficacia de nanopartículas diseñadas para liberar fármacos en zonas concretas del cuerpo.

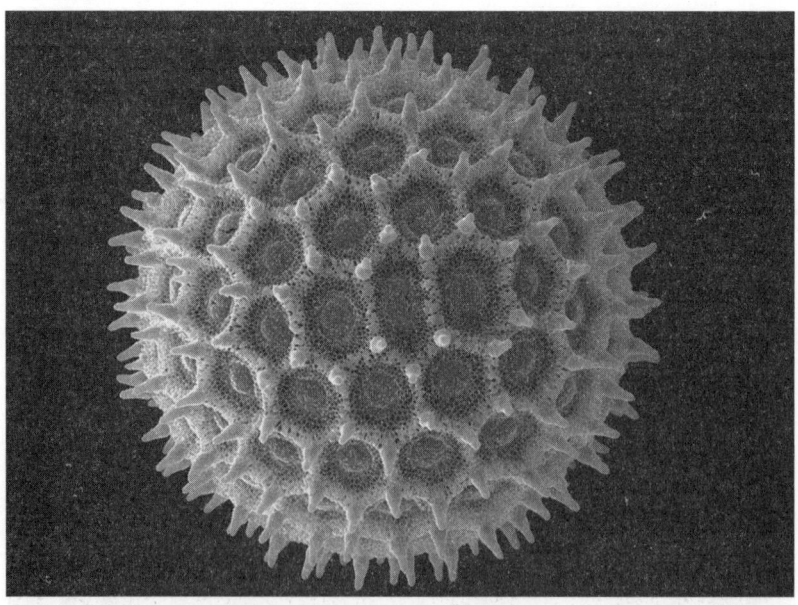

Glóbulos rojos humanos y linfocito observados con
microscopio electrónico de barrido.

Más allá del ámbito médico, sigue siendo una herramienta esencial en la investigación de materiales, la electrónica, la arqueología o la botánica. Pero su valor no reside solo en la precisión técnica. También nos permite acceder a escalas que, de otro modo, permanecerían fuera de nuestro alcance. Y, al hacerlo, amplía lo que podemos conocer, estudiar y comprender.

Conclusión: ver con electrones

La microscopía electrónica es una de las consecuencias más directas —y visibles— de la naturaleza ondulatoria de los electrones. Una idea que nació como una propuesta teórica en la tesis doctoral de Louis de Broglie, y que con el tiempo se convirtió en una herramienta esencial para explorar lo que ocurre en las escalas más pequeñas de la materia.

Hoy, gracias a esa propiedad intrínseca de la materia, podemos usar electrones como si fueran luz. Y al hacerlo, logramos imágenes de virus, orgánulos celulares o materiales complejos con un nivel de detalle que ninguna otra técnica puede ofrecer.

Cada imagen obtenida con un microscopio electrónico es, al mismo tiempo, un avance técnico y una manifestación directa de los principios cuánticos que rigen la materia. Una forma tangible de cómo un descubrimiento fundamental, casi abstracto en su origen, transforma la manera en que hoy observamos el mundo.

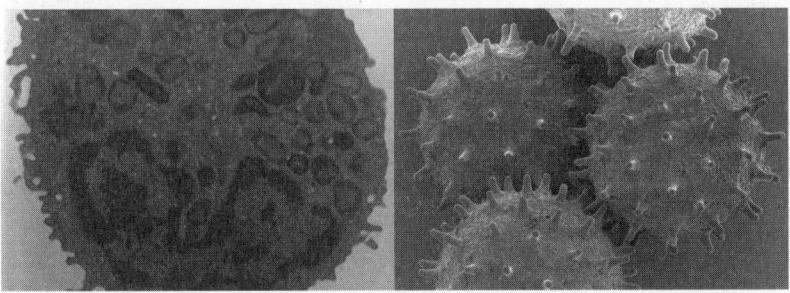

Izquierda: Leucocito (glóbulo blanco) observado con un microscopio electrónico de transmisión. Fuente: https://www.dartmouth.edu/emlab/gallery/.
Derecha: Grano de polen observado con un microscopio electrónico de barrido.
Fuente: https://www.lensforvision.com/coronavirus-visto-desde-microscopio/

9

ECUACIÓN DE DIRAC: BUSCANDO LA SIMETRÍA ME ENCONTRÉ UN POSITRÓN. TOMOGRAFÍA POR EMISIÓN DE POSITRONES

No sé si es cosa de la naturaleza o de nosotros mismos, pero parece haber una fascinación universal por el equilibrio. El día y la noche durante un equinoccio, la doble hélice del ADN, el principio de mínima acción… A veces, da la impresión de que el equilibrio no es solo algo que buscamos las personas, sino también una pauta que sigue el universo. Desde el equilibrio térmico que alcanza el café al mezclarse con leche fría, hasta la estabilidad de una estrella que lucha durante millones de años contra su propio colapso, muchos sistemas físicos esconden simetrías detrás de sus equilibrios.

Un pensamiento similar llevó al físico y matemático británico Paul Adrien Maurice Dirac a plantear la posible existencia de las antipartículas. Entidades con la misma masa y espín que las partículas ordinarias, pero con carga eléctrica y propiedades magnéticas opuestas.

Hoy, cuando oímos hablar de antimateria, es fácil pensar en ciencia ficción o en fenómenos astrofísicos lejanos. Pero no hace falta irse tan lejos. En muchos hospitales, profesionales médicos trabajan cada día con la antipartícula del electrón: el positrón. Y lo hacen con absoluta normalidad, sin trajes espaciales ni laboratorios futuristas, utilizando escáneres de tomografía por emisión de positrones.

Desde hace más de medio siglo, esta tecnología se emplea para obtener imágenes funcionales del cuerpo humano, especialmente útiles en oncología, neurología y cardiología. Estos escáneres aprovechan la energía liberada cuando un positrón y un electrón se encuentran y se aniquilan, generando fotones que permiten reconstruir el interior del cuerpo. La antimateria, en este caso, no aparece como una amenaza lejana, sino como una herramienta de diagnóstico precisa, cotidiana y sorprendente.

¿Qué tiene que ver la cuántica en todo esto?

La existencia misma del positrón es una consecuencia directa de la física cuántica. Más concretamente, de una ecuación formulada en 1928 por el físico británico Paul Dirac para describir el comportamiento del electrón cuando se desplaza a velocidades cercanas a las de la luz.

Al resolver esta ecuación, Dirac encontró que admitía soluciones con energía negativa. Lejos de ser un error matemático, esta peculiaridad sugería la existencia de partículas con la misma masa y espín que los electrones, pero con carga opuesta: las antipartículas. La ecuación anticipaba así no solo el positrón, sino también la posibilidad de que todas las partículas subatómicas tuvieran su correspondiente versión de antimateria.

Este hallazgo fue uno de los primeros indicios de que la cuántica, unida a la relatividad, podía revelar aspectos del mundo profundamente contrarios a la intuición.

Además, las antipartículas —como sus equivalentes de materia— exhiben un comportamiento ondulatorio. De hecho, en 2019, un equipo de físicos de Italia y Suiza demostró que la antimateria también exhibe el carácter dual de onda y partícula, cumpliendo con los mismos principios cuánticos que la materia ordinaria.

Como vimos en el capítulo anterior, esa dualidad entre onda y partícula no es una propiedad opcional, sino una característica intrínseca del mundo cuántico. Y es justamente esa propiedad la que hace posible detectar positrones y reconstruir su trayectoria, como veremos más adelante.

¿En qué consiste la emisión de positrones?

El positrón es la antipartícula del electrón. Fue predicho teóricamente por Dirac en 1928 y observado por primera vez en 1932 por el físico estadounidense Carl Anderson. Que sea una antipartícula significa que comparte la misma masa y espín que su contraparte ordinaria, en este caso, el electrón, pero con una diferencia crucial: tiene carga positiva.

Hoy sabemos que no solo el electrón tiene una antipartícula. También existen el antiprotón, el antineutrón, e incluso versiones completas de átomos hechos de antimateria, como el antihidrógeno, compuesto por un antiprotón y un positrón. Estos antiátomos se han producido y estudiado en laboratorios como el CERN, donde se comparan con sus equivalentes ordinarios para buscar posibles asimetrías fundamentales.

Los positrones no forman parte del mundo cotidiano. No circulan libremente por nuestro entorno. Se generan en ciertos procesos radiactivos y en colisiones de alta energía. En los laboratorios, pueden producirse mediante reacciones nucleares, desintegraciones beta positivas o incluso con láseres de alta intensidad. Es decir, no están al alcance de la mano... a menos que vayamos a buscarlos.

Cuando un positrón se encuentra con un electrón, ocurre algo notable: ambas partículas se aniquilan. No queda ni rastro de materia, solo energía pura, liberada en forma de dos fotones gamma. Estos fotones viajan en direcciones opuestas, como si fueran el eco simétrico de aquella colisión. Esta interacción no es solo una rareza de laboratorio. Es justo lo que ocurre en los escáneres de tomografía por emisión de positrones (PET), que aprovechan esta «aniquilación controlada» para generar imágenes detalladas del interior del cuerpo.

En este proceso se generan dos fotones que viajan en direcciones opuestas, con la misma velocidad. Es decir, se propagan a lo largo de una misma línea imaginaria, pero en sentidos contrarios. Esta interacción entre electrón y positrón es precisamente la que se aprovecha en tecnologías basadas en la emisión de positrones, como los escáneres por emisión de positrones o la espectroscopía por aniquilación de positrones.

La antimateria es escasa en el universo observable. Se estima que constituye menos del 0.0000001 % de la materia total. Sin embargo, las teorías sugieren que al principio del universo debieron generarse materia y antimateria en cantidades iguales. ¿Por qué prevaleció la materia? Esa es una de las preguntas abiertas más intrigantes de la física moderna.

El positrón no es solo una excentricidad teórica. Su existencia confirma que la naturaleza, cuando se observa a través del prisma cuántico-relativista, es mucho más simétrica y profunda de lo que aparenta. Y, además, nos ha llevado a desarrollar tecnologías con aplicaciones médicas que habrían parecido ciencia ficción no hace tanto.

¿CÓMO, QUIÉNES Y CUÁNDO SE DESCUBRIERON LOS POSITRONES?

Como ya hemos visto en otras ocasiones, la historia de la física cuántica es coral, con más de un protagonista detrás de cada avance. El descubrimiento del positrón no fue la excepción. Aunque su existencia no se confirmó experimentalmente hasta

1932, había sido predicha un año antes. Pero fue la ecuación de Dirac, presentada en 1928, la que dejó la mosca detrás de la oreja: ¿deberían existir partículas idénticas al electrón, pero con carga opuesta? ¿Tenía acaso eso sentido?

En busca de la unificación

A principios del siglo xx, la mecánica cuántica y la relatividad especial habían revolucionado la física, pero aún funcionaban como teorías independientes. La ecuación de Schrödinger, formulada en 1926, describía con éxito el comportamiento cuántico de las partículas, pero no era compatible con la relatividad especial. Existía, por tanto, la necesidad de una teoría que incorporara el espín —una propiedad cuántica sin equivalente clásico, de la que hablaremos más adelante— y que además describiera el movimiento de partículas a velocidades cercanas a la de la luz.

En este contexto, Dirac se propuso encontrar una ecuación que unificara la mecánica cuántica con la relatividad especial y describiera el movimiento de un electrón a velocidad relativista. Su trabajo culminó en 1928 con la publicación de su famosa ecuación. Pero esa unión trajo consigo un resultado inesperado: la ecuación permitía soluciones con energía tanto positiva como negativa. Mientras que las soluciones positivas encajaban con los datos experimentales conocidos, las negativas resultaban difíciles de interpretar.

Una solución desconcertante

Durante los años siguientes, tanto Dirac como parte de la comunidad científica debatieron las posibles implicaciones de estas soluciones. Finalmente, en 1931, alentado por los argumentos del matemático alemán Hermann Weyl y del físico estadounidense Robert Oppenheimer, Dirac publicó un artículo en el que sugería que estas soluciones no eran un error matemático, sino el indicio de algo real: una partícula con la misma masa que el electrón, pero con carga opuesta. La llamó antielectrón —más tarde rebautizado como positrón—, y añadió que, al encontrarse con un electrón, ambas partículas se aniquilarían, liberando energía en el proceso.

Aunque ya existían algunos indicios experimentales que apuntaban en esta dirección, el descubrimiento concluyente lo realizó el físico Carl David Anderson. En 1932, mientras trabajaba con una cámara de niebla —un dispositivo que permite visualizar la trayectoria de partículas cargadas—, observó por primera vez el rastro inequívoco de un positrón. Su hallazgo le valió el Premio Nobel de Física en 1936.

La búsqueda de la belleza

Lo más emocionante de esta historia es la motivación estética que guiaba el trabajo de Dirac. No fue el único. Muchos otros matemáticos y físicos a lo largo de la historia han compartido ese mismo pensamiento de que las leyes fundamentales deben poseer una cierta belleza matemática. En el caso de Dirac, fue precisamente esa búsqueda la que le llevó a formular su versión de la mecánica cuántica, en la que los aspectos matemáticos jugaban un papel central. Aquel trabajo acabaría desembocando en su famosa ecuación relativista.

La ciencia busca describir los fenómenos que tienen lugar en la naturaleza y predecir cómo podrían volver a producirse. Para ello recurre a leyes y teorías que se expresan mediante las matemáticas. Con las matemáticas, sin embargo, se pueden construir infinitos mundos, sin que todos ellos tengan que ser físicamente realizables. La física sería, en ese sentido, un subconjunto de todos esos mundos posibles creados por la matemática, aquellos que tienen representación en nuestro universo particular.

Pero incluso dentro de ese subconjunto, hay muchas formas distintas de describir un mismo fenómeno. Entonces, ¿cuál escoger? Dirac lo tenía claro: proponía que el principal criterio de selección debía ser la belleza de las ecuaciones. Por supuesto, también debía buscarse la simplicidad, pero si alguna vez belleza y simplicidad entraban en conflicto, debía primar la belleza. Como él mismo escribió:

> El investigador, en sus esfuerzos por expresar las leyes fundamentales de la naturaleza de forma matemática, debería buscar siempre la belleza matemática. Debería tomar en cuenta todavía la simplicidad, pero de forma subordinada a la belleza.

En el campo de la física teórica muchas personas, al igual que Dirac, refinan sus cálculos guiándose por la búsqueda de una cierta estética interna. En muchas ocasiones, eso desemboca en una mejor interpretación de lo que tienen entre manos. A veces, incluso, esa motivación estética da una pista sobre cuál podría ser el siguiente paso en su investigación.

¿QUÉ PUEDE HACER LA ANTIMATERIA POR MÍ?

La confirmación experimental de la existencia de los positrones dio lugar a diversos avances en la ciencia y la tecnología de mediados del siglo XX. A finales de la década de 1950 se empezaron a aplicar las propiedades de aniquilación de positrones en el ámbito médico, con sistemas de detección muy simples. Diez años después, se desarrolló una nueva versión del tomógrafo capaz de generar imágenes tridimensionales, lo que supuso un avance notable en los primeros estudios con radiofármacos emisores de positrones.

En 1975, el biofísico estadounidense Michael E. Phelps desarrolló la versión moderna del escáner de tomografía por emisión de positrones (PET, por sus siglas en inglés), que marcó el punto de partida de la técnica tal y como la conocemos hoy. Desde principios del siglo XXI, su uso se ha generalizado en la práctica clínica, especialmente en oncología, neurología y cardiología.

Escáner PET: mapeando con antimateria

La tomografía por emisión de positrones es una técnica de imagen médica que se basa en el proceso de aniquilación que ocurre cuando un electrón y un positrón colisionan. Antes del escaneo, se inyecta al paciente un radiofármaco, es decir, un compuesto químico marcado con un isótopo radiactivo que emite positrones. Uno de los más utilizados es la glucosa marcada con Flúor-18, un elemento que se acumula en los tejidos con alta actividad metabólica.

El radiofármaco está diseñado para imitar el comportamiento de la glucosa en el cuerpo. Las células que demandan más glucosa captarán una mayor cantidad del compuesto. En oncología, por ejemplo, esta propiedad es clave, ya que las células tumorales consumen grandes cantidades de glucosa para sostener su ritmo acelerado de crecimiento. Eso hace que la glucosa marcada se acumule con más intensidad en los tumores, permitiendo localizarlos con precisión.

Una vez que el radiofármaco se ha distribuido por el organismo, comienza el escaneo. El isótopo radiactivo se desintegra, emitiendo un positrón y un neutrino. El positrón recorre una breve distancia hasta encontrar un electrón. Entonces ocurre la aniquilación: la materia y la antimateria desaparecen, y su masa se transforma en energía, en forma de fotones gamma que se emiten de forma simultánea y en direcciones opuestas, aproximadamente a 180 ºC.

En el escáner PET, el paciente está rodeado por un anillo de detectores que captura estos fotones. Cuando dos detectores opuestos registran los fotones al mismo tiempo, se considera que ha habido una coincidencia. La línea que une a estos dos detectores se conoce como línea de respuesta. A partir de múltiples líneas de respuesta, el sistema puede reconstruir la ubicación precisa de las zonas con mayor actividad metabólica, que a menudo coinciden con tejido tumoral.

Estas imágenes no solo permiten localizar tumores, sino también evaluar su tamaño, extensión e incluso su respuesta al tratamiento. La física que hay detrás del PET permite obtener imágenes funcionales —no solo estructurales— con una sensibilidad muy alta, proporcionando información sobre procesos metabólicos a nivel molecular *in vivo*.

Otros usos de los positrones

Más allá de su uso en medicina, los positrones también se emplean en otras tecnologías que aprovechan el mismo principio de aniquilación. Un ejemplo destacado es la espectroscopía por aniquilación de positrones, una técnica utilizada en ingeniería de materiales. En este caso, haces de positrones se hacen incidir sobre una muestra sólida, donde interactúan con los electrones del material. La información sobre la cantidad de rayos gamma emitidos y el tiempo de vida de los positrones permite detectar fracturas o imperfecciones en metales, cristales y otros sólidos. Es una herramienta especialmente valiosa en control de calidad y en el desarrollo de nuevos materiales.

En el campo de la investigación fundamental, la antimateria sigue siendo un misterio parcialmente resuelto. En instalaciones como el CERN se generan pequeñas cantidades de positrones y antiprotones con el propósito de estudiar sus propiedades en condiciones controladas. Estos experimentos permiten investigar la simetría —o asimetría— entre materia y antimateria, y buscan respuestas a una de las grandes preguntas abiertas de la física moderna: ¿por qué el universo está hecho casi exclusivamente de materia, si ambas deberían haberse creado en cantidades iguales?

Conclusión: una imagen del equilibrio

La tomografía por emisión de positrones no es solo una herramienta médica avanzada, es también una manifestación directa de cómo las ideas más abstractas de la física pueden traducirse en aplicaciones que transforman la vida cotidiana. En ella confluyen relatividad, mecánica cuántica, ingeniería y medicina: disciplinas que, en apariencia, habitan mundos separados, pero que aquí trabajan en armonía.

Tal vez lo más fascinante del PET no sea únicamente su utilidad clínica, sino el recorrido que lo ha hecho posible. Todo comenzó con una ecuación formulada por Paul Dirac en busca de coherencia matemática y simetría física. Una ecuación que, al admitir soluciones inesperadas, abrió la puerta a la existencia de la antimateria. Décadas después, ese gesto casi filosófico —buscar belleza en las leyes del universo— ha acabado salvando vidas.

La tomografía por emisión de positrones es, en muchos sentidos, una imagen de ese equilibrio que parece gustarle tanto al universo: entre teoría y aplicación, entre abstracción y cuerpo, entre positrón y electrón. Y si hoy este tipo de tecnología forma parte de la práctica médica cotidiana es gracias a quienes supieron ver más allá de los números y las ecuaciones, y se atrevieron a seguir la pista de una simetría matemática.

10

LA TEORÍA DE BANDAS PRESENTA:
LOS TRANSISTORES, EL MAYOR INVENTO
DEL SIGLO XX

Televisores, teléfonos móviles, radios, ordenadores, radios, relojes inteligentes, pantallas OLED, iluminación LED, memorias portátiles... y un largo etcétera. Interactuamos con estas tecnologías casi a diario, y han transformado por completo nuestra forma de vivir, comunicarnos y trabajar.

Todas ellas han sido posibles gracias al desarrollo de materiales semiconductores, y al conocimiento que hemos adquirido sobre cómo se comportan a nivel cuántico. Desde la invención del primer transistor a mediados del siglo pasado, la tecnología basada en semiconductores ha avanzado de forma vertiginosa. Estos materiales forman el núcleo de una enorme variedad de dispositivos electrónicos, desde chips y sensores hasta paneles solares y sistemas de iluminación.

Un semiconductor tiene una característica muy especial, puede comportarse como un aislante o como un conductor dependiendo de las condiciones externas. Es decir, actúa como un interruptor que controla el paso de la corriente eléctrica. Esa capacidad para modular su comportamiento lo convierte en una pieza clave de la electrónica moderna.

Pero ¿qué relación tienen estos materiales con la física cuántica? ¿Acaso llevamos en el bolsillo un teléfono móvil cuántico sin saberlo?

¿Qué tiene que ver la cuántica en todo esto?

En cierto sentido, sí: llevamos un dispositivo cuántico en el bolsillo. Y es que los semiconductores y la física cuántica están estrechamente entrelazados. Las propiedades de estos materiales no pueden entenderse desde la física clásica, sino que requieren necesariamente de los principios cuánticos. En particular, el comportamiento de los electrones dentro de un sólido solo puede explicarse a través de la teoría de bandas de energía.

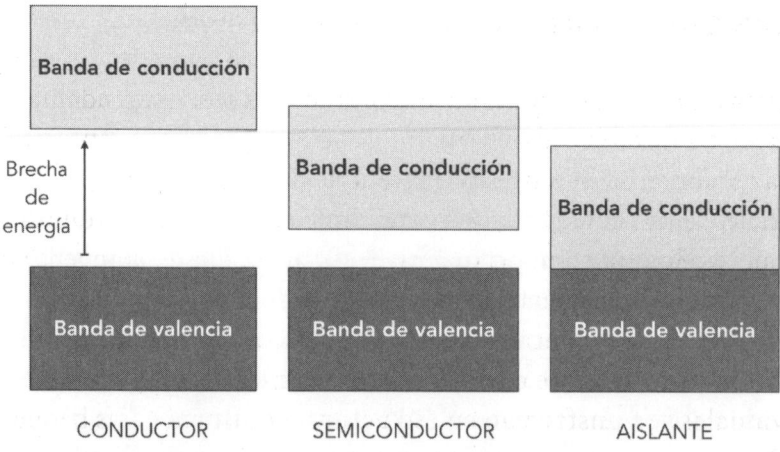

Tipos de materiales según su estructura de bandas.

Esta teoría permite predecir si un material se comportará como conductor, semiconductor o aislante, y se basa en dos pilares fundamentales: la ecuación de Schrödinger y el teorema de Bloch. La primera describe cómo evolucionan los estados cuánticos de los electrones. El segundo surge al aplicar esta ecuación a la inmensa cantidad de electrones que conforman un sólido.

El teorema de Bloch, al aplicarse a estructuras periódicas como los cristales sólidos, permite reducir la complejidad del sistema. En lugar de estudiar el comportamiento colectivo de todos los electrones, basta con analizar cómo se comporta uno de ellos dentro del patrón repetitivo de la red.

Dicho de otro modo, comprender y diseñar materiales semiconductores implica aceptar la naturaleza cuántica de la materia y aplicar sus reglas. Por eso estos materiales —y todas las tecnologías que se derivan de ellos— forman parte las tecnologías cuánticas de primera generación, aplicaciones en las que la cuántica no solo es relevante, sino indispensable.

¿En qué consiste la teoría de bandas?

Para entender por qué los semiconductores son tan fundamentales en nuestra vida cotidiana, primero hay que comprender la teoría de bandas que los sustenta. Este modelo, propio de la física del estado sólido, describe cómo se organizan y comportan los electrones en los materiales, y por qué de ello dependen sus propiedades eléctricas.

Basada en la mecánica cuántica, la teoría de bandas explica cómo los niveles de energía de los electrones en átomos individuales se transforman en estructuras continuas —las bandas de energía— cuando esos átomos se agrupan formando una red cristalina.

Formación de bandas

Cuando trillones de átomos se unen para formar un sólido, sus orbitales atómicos —es decir, los niveles energéticos donde residen los electrones— se acercan tanto que empiezan a solaparse.

Este solapamiento da lugar a bandas de energía casi continuas. Así, en lugar de tener niveles discretos de energía, como ocurre en un átomo aislado, la interacción entre un gran número de átomos genera estructuras compartidas llamadas bandas.

Una forma de visualizar esto es imaginar los niveles de energía de un átomo como las filas de asientos de un teatro. Cada fila representa un nivel de energía, y cada asiento puede ser ocupado por un electrón. Cuando los átomos están separados, todos tienen su propio teatro con la misma disposición de filas y asientos. Pero cuando se agrupan para formar un sólido, esas filas se combinan y se convierten en una estructura común, en la que los asientos se reparten tan densamente que forman lo que llamamos una banda de energía.

La banda donde se encuentran los electrones ligados al núcleo se llama banda de valencia. En ella, los electrones aún permanecen asociados a sus átomos y todos los asientos están ocupados. Por encima se encuentra la banda de conducción, que contiene estados de energía disponibles pero vacíos, es decir, asientos libres donde en los que los electrones podrían situarse si adquirieran suficiente energía. En esta banda, los electrones pueden moverse libremente y participar en la conducción eléctrica.

Entre ambas suele existir una región donde no hay asientos posibles; una zona sin estados permitidos, conocida como la brecha de energía o *band gap*. Esta región prohibida es una consecuencia directa del potencial periódico generado por la red cristalina del material. Según el teorema de Bloch, ese potencial determina las soluciones posibles de la ecuación de Schrödinger, delimitando qué bandas son energéticamente viables y qué regiones quedan vetadas.

Tipos de materiales según su estructura de bandas

La teoría de bandas permite clasificar los materiales en tres grandes categorías según cómo se organizan sus bandas de energía: conductores, aislantes y semiconductores.

En los materiales conductores, como el cobre, las bandas de valencia y de conducción se solapan. Es decir, en una misma banda coexisten asientos ocupados y libres, lo que permite que, incluso con una pequeña aportación de energía térmica, los electrones salten a posiciones cercanas. Si se aplica un campo eléctrico, estos electrones pueden desplazarse con facilidad a lo largo del material, generando así una corriente eléctrica.

En los materiales aislantes, en cambio, todos los asientos de la banda de valencia están ocupados y la brecha que los separa de la banda de conducción es muy amplia. Esto implica que, aunque la banda de conducción tenga muchos asientos vacíos, los electrones no pueden alcanzarlos, ni siquiera con la ayuda de un campo eléctrico. Como no hay posibilidad de movimiento, el material no conduce electricidad. Un ejemplo clásico de aislante es el diamante.

El caso más interesante —y el que nos concierne— es el de los semiconductores. Su estructura de bandas se parece a la de los aislantes, pero con una diferencia clave: la brecha entre la banda de valencia y la de conducción es mucho menor. Esto permite que, a temperatura ambiente, algunos electrones adquieran la energía suficiente para saltar a la banda de conducción y participar en el transporte de corriente.

Además, los huecos que estos electrones dejan atrás en la banda de valencia pueden ser ocupados por otros electrones vecinos. Este «cambio de asiento» también contribuye a la conducción, aunque de un modo distinto. En este contexto, tanto los electrones en la banda de conducción como los huecos en la banda de valencia se comportan como portadores de carga: entidades capaces de moverse dentro del material y transportar electricidad.

Un ejemplo paradigmático de semiconductor es el silicio, que constituye la base de buena parte de la tecnología actual.

Domando los semiconductores

Como la brecha energética no es tan grande como en un aislante, este tipo de materiales permite modular la conducción eléctrica mediante estímulos externos como la temperatura, la luz o el dopaje. Este último consiste en introducir una pequeña cantidad de átomos de otro elemento, similar al semiconductor anfitrión para que encaje bien en la red cristalina, pero que difiera en el número de electrones de valencia. Si el elemento dopante aporta más o menos electrones que el material base, modifica sutilmente la estructura de bandas y permite ajustar la cantidad de electrones disponibles para conducir la corriente.

Aunque la carga global del material sigue siendo neutra, varía la concentración de portadores de carga. Según el tipo de dopaje, se obtienen semiconductores tipo n cuando el elemento dopante añade electrones, o tipo p cuando el elemento dopante tiene menos electrones de valencia y, al incrustarse en la estructura cristalina, se generan huecos.

La teoría de bandas no solo permite clasificar los materiales según su capacidad para conducir electricidad; también abre la puerta a diseñar y controlar esa capacidad con notable precisión. Los semiconductores, gracias a su equilibrio delicado entre aislamiento y conducción, se revelan como materiales extraordinariamente versátiles. Su comportamiento no está determinado de forma rígida, sino que puede moldearse mediante temperatura, luz o impurezas introducidas con sumo cuidado. Esta maleabilidad es, precisamente, lo que los ha convertido en el pilar de la electrónica moderna.

Pero ¿cómo llegamos a entender este comportamiento tan peculiar? ¿En qué momento supimos que un material podía responder de forma tan controlable? Para responder a estas preguntas, tenemos que hacer una pausa en el presente y volver la vista atrás, hacia los años en los que la física del estado sólido y la ingeniería comenzaron a entrelazarse.

¿CÓMO, QUIÉNES Y CUÁNDO SE DESCUBRIÓ LA TEORÍA DE BANDAS?

La teoría de bandas, que hoy nos permite entender el funcionamiento de los semiconductores, comenzó a tomar forma en 1928 gracias al físico suizo Felix Bloch. Fue, de hecho, el tema central de su tesis doctoral, dirigida nada menos que por Werner Heisenberg.

En aquel momento, la mecánica cuántica estaba en plena efervescencia. Schrödinger había formulado su célebre ecuación en 1926, y al año siguiente Louis de Broglie había propuesto la idea de la dualidad onda-partícula, mostrando que los electrones podían comportarse también como ondas. En este contexto, Bloch buscaba una manera coherente de explicar por qué algunos materiales conducen la electricidad y otros no.

Hasta entonces, el modelo más avanzado era el del electrón libre mejorado por el físico alemán Arnold Sommerfeld, que introducía nociones cuánticas pero seguía tratando a los electrones como partículas casi independientes dentro del sólido. Bloch fue más allá, planteó que los electrones eran ondas que se extendían a lo largo del material y que experimentaban el potencial periódico creado por los átomos de la red cristalina.

Al resolver la ecuación de Schrödinger con este tipo de potencial, Bloch llegó a un resultado fundamental, el teorema de Bloch, que describe cómo se comportan los electrones en un sólido cristalino. Su trabajo proporcionó por primera vez una base teórica sólida para entender cómo surgen las bandas de energía en los materiales y cómo estas determinan si un material será conductor, semiconductor o aislante.

En su momento, la tesis de Bloch fue reconocida como un avance importante, aunque su verdadero impacto real no se haría evidente hasta varias décadas después, cuando comenzaran a desarrollarse los primeros dispositivos electrónicos basados en semiconductores. Solo entonces se comprendió plenamente la conexión entre la estructura de bandas y el comportamiento eléctrico de los materiales.

Durante los años treinta, el interés por los materiales semiconductores fue en aumento. El físico alemán Walter Schottky y otros investigadores desarrollaron dispositivos como rectificadores y versiones primitivas de celdas solares. Pero el gran salto llegó en 1939, con el descubrimiento de la estructura p–n, al unir materiales dopados de forma diferente. Esto permitió controlar el flujo de corriente con gran precisión, y sentó las bases para un dispositivo que transformaría el mundo.

Ese momento llegó en 1947, cuando los físicos estadounidenses William Shockley, John Bardeen y Walter Brattain, trabajando en los laboratorios Bell, construyeron el primer transistor de contacto puntual. Utilizando germanio como semiconductor, lograron amplificar señales eléctricas con un dispositivo diminuto. Este invento dio origen a la electrónica moderna y, menos de una década después, en 1956, les valió el Premio Nobel de Física.

Gracias a la comprensión del comportamiento electrónico en materiales cristalinos, no solo se pudo fabricar el transistor. También se abrió el camino hacia una revolución tecnológica aún en marcha, que ha cambiado para siempre nuestra forma de comunicarnos, trabajar y comprender el mundo.

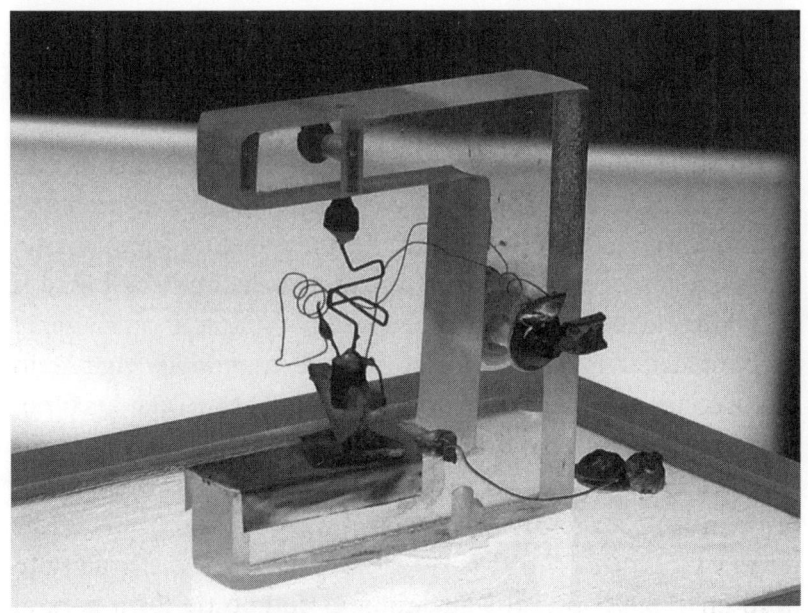

Primer transistor. Fuente: https://www.juliantrubin.
com/bigten/transistorexperiments.html

¿QUÉ PUEDEN HACER LOS SEMICONDUCTORES POR MÍ?

Vivimos rodeados de semiconductores, aunque rara vez pensemos en ellos. Pagamos con el móvil, trabajamos frente a un ordenador, viajamos en transporte eléctrico o accedemos al gimnasio con una tarjeta. Desde que nos despertamos hasta que nos acostamos, estos materiales silenciosos están siempre ahí, haciendo posible buena parte de nuestra vida cotidiana.

Y es que los materiales semiconductores están presentes en la gran mayoría de los dispositivos electrónicos actuales. Una muestra clara de su relevancia es el peso que tiene la industria de los semiconductores en la economía global. Participa en la fabricación y desarrollo de ordenadores y periféricos, electrónica de consumo, telecomunicaciones, electrónica industrial, defensa, tecnología aeroespacial y transporte. Es, literalmente, ineludible.

Así que la pregunta no es solo qué puede hacer por mí, sino qué ha hecho por todos nosotros durante los últimos cien años. No es fácil señalar una aplicación fascinante de esta tecnología, porque ya está en tantos lugares que a veces nos cuesta incluso sorprendernos. Por eso, para dar con la tecnología más rompedora que derivó de este avance científico, tenemos que retroceder hasta casi el principio, el punto de partida que nos llevó a la realidad tecnológica que vivimos hoy.

El verdadero punto de inflexión llegó cuando los ingenieros se enfrentaron a una limitación tecnológica concreta: los tubos de vacío.

Los primeros transistores: del vacío al silicio

A mediados de los años cuarenta, el equipo de los laboratorios Bell buscaba un sustituto para los tubos de vacío. En aquel momento, estos se usaban para amplificar señales eléctricas débiles —como las provenientes de micrófonos o antenas de radio—, para rectificar corriente alterna y convertirla en continua, e incluso como componentes fundamentales en las primeras computadoras digitales, donde se empleaban para construir circuitos lógicos y almacenar información. Por eso eran habituales en radios, amplificadores, sistemas telefónicos y equipos de audio.

Sin embargo, a pesar de su papel crucial en la electrónica temprana, los tubos de vacío presentaban varias limitaciones: eran voluminosos y pesados, consumían mucha energía, generaban gran cantidad de calor y requerían refrigeración para funcionar correctamente durante largos periodos. Además, su fabricación era costosa y, al estar hechos de vidrio, eran frágiles y propensos a romperse, lo que exigía reemplazos frecuentes.

Por estos motivos, en los Laboratorios Bell se propusieron encontrar una alternativa. Shockley lideraba el grupo teórico, mientras Bardeen y Brattain trabajaban directamente con materiales semiconductores como el germanio. En diciembre de 1947, lograron fabricar el primer transistor funcional, capaz de amplificar una señal hasta cien veces su valor original. Aquel primer transistor era mucho más pequeño que las válvulas de vacío, más resistente, eficiente y económico. Su invención marcó el inicio de una transición tecnológica que transformaría profundamente la sociedad.

Desde entonces, los transistores han evolucionado enormemente. No solo reemplazaron a los tubos de vacío, sino que permitieron la miniaturización y el aumento de eficiencia en los dispositivos electrónicos. Aunque al principio su adopción fue gradual, pronto impulsaron innovaciones clave como los circuitos integrados y la computación personal, sentando las bases del mundo digital en el que vivimos.

Amplificadores digitales o analógicos, cuestión de gustos

Eso sí, los tubos de vacío no han desaparecido por completo. Todavía se usan, por ejemplo, en el ámbito musical. Muchos aficionados al sonido afirman que los amplificadores a válvulas tienen un tono más cálido que los digitales, y no siempre se trata solo de nostalgia. En algunos casos, esa percepción está justificada por las características físicas del propio dispositivo.

Los amplificadores analógicos, especialmente los de válvulas, generan una distorsión armónica no lineal que enfatiza los armónicos pares (segundo, cuarto, etc.), que resultan más agradables al oído y contribuyen a un sonido más cálido y musical. Al mismo tiempo, reducen los armónicos impares de orden superior (como el séptimo o el noveno), que tienden a sonar más ásperos o disonantes. El resultado es un sonido rico, natural y envolvente.

Además, cuando se lleva al límite, un amplificador analógico satura de forma progresiva y musical, produciendo una compresión suave que muchos consideran expresiva. En cambio, los amplificadores digitales tienden a saturar de forma más abrupta, lo que puede resultar menos placentero desde el punto de vista auditivo. En el fondo, estas diferencias son fruto de cómo cada dispositivo interactúa con las propiedades fundamentales de los materiales: la forma en que responden ante una señal, y cómo esta respuesta se amplifica o distorsiona.

Mucho más que transistores: los LED

Pero la historia de los semiconductores no se limita a amplificar señales. También puede hacernos ver —literalmente—. Y ahí es donde entran en juego los LED, otra de las joyas tecnológicas nacidas del dominio cuántico de la materia.

Un LED convierte entre el 50 % y el 70 % de la energía eléctrica en luz, mientras que una bombilla incandescente convencional solo convierte entre un 2 % y un 6 %, disipando el resto en forma de calor. Para entender cómo funciona una bombilla LED, debemos volver a la imagen de las bandas energéticas en un semiconductor. Este fenómeno también tiene lugar en los LED, donde el salto de un electrón entre bandas no solo transporta energía, sino que la libera en forma de luz.

Un fotón, como toda onda electromagnética, tiene una frecuencia, y según la fórmula de Planck, esa frecuencia está directamente relacionada con la energía que transporta. Así, dependiendo del tamaño de la brecha energética en el material, el fotón emitido tendrá una energía, y una frecuencia específicos. Esa frecuencia es la que da a los LED su color verde, rojo o azul. Todo depende del material semiconductor utilizado, ya que este determina el tamaño de la brecha energética. Este proceso se conoce como electroluminiscencia: emisión de luz al aplicar una corriente eléctrica.

Hoy en día, los LED están presentes en prácticamente todos los entornos: en la iluminación convencional, en pantallas electrónicas, en dispositivos móviles, en los mandos a distancia... y todo esto sin que tengamos que ser expertos en física cuántica para usarlos a diario.

De la luz blanca al color absoluto

En los televisores actuales, por ejemplo, los LED se utilizan de formas muy diversas. La aplicación más común es como fuente de retroiluminación en pantallas LCD. Los LED pueden colocarse en los bordes (*Edge LED*) o distribuidos por toda la superficie trasera (*Full LED*) para iluminar uniformemente una matriz de píxeles controlados por un panel de cristal líquido. En este caso, los LED no generan la imagen directamente, pero hacen posible que esta sea visible.

Una tecnología más reciente es la de los paneles OLED, que utilizan moléculas orgánicas capaces de emitir luz al aplicar una corriente eléctrica. A diferencia de las pantallas LCD, los OLED no requieren retroiluminación, ya que cada píxel genera su propia luz. Esto permite un control extremadamente preciso del brillo y el color en cada punto de la imagen.

Un OLED está formado por dos capas situadas entre un ánodo y un cátodo, una capa emisora, donde se encuentran las moléculas orgánicas que producen la luz, y una capa conductora. Al aplicar un voltaje, el cátodo libera electrones hacia la capa emisora, mientras el ánodo extrae electrones de la capa conductora, generando huecos (esos asientos vacíos que mencionábamos al hablar de la teoría de bandas). Cuando electrones y huecos se recombinan, se libera energía en forma de fotones. El color depende del material orgánico utilizado, lo que permite obtener imágenes intensas y brillantes. El proceso es tan elegante como eficaz.

También encontramos los llamados QLED, donde la «Q» hace referencia a los *quantum dots*, o puntos cuánticos. Esta tecnología se basa en una pantalla LCD que incorpora una capa de nanocristales semiconductores, con tamaños del orden de 2 a 10 nanómetros, que emiten luz de colores específicos cuando son estimulados por una fuente de energía. Dependiendo de su tamaño, cada punto cuántico emite un color distinto.

En estas pantallas, la luz azul de la retroiluminación atraviesa la capa de *quantum dots*, que convierte parte de esa luz en rojo y verde, mientras otra parte permanece azul. La combinación resultante da lugar a los tres colores primarios —rojo, verde y azul— que, al mezclarse en distintas proporciones, generan la imagen final.

Ahora bien, conviene aclarar que los puntos cuánticos utilizados en pantallas QLED no son los mismos que se investigan en el ámbito de la computación cuántica. Aunque comparten nombre y ciertos principios físicos, su función y diseño son completamente distintos. Los puntos cuánticos de los televisores están diseñados para mejorar la calidad de imagen mediante la emisión precisa de luz.

En computación cuántica, en cambio, se utilizan para confinar partículas como electrones o fotones, que actúan como cúbits. En ese contexto, los puntos cuánticos permiten emitir fotones individuales o manipular el espín de los electrones, aspectos clave en el desarrollo de procesadores cuánticos.

Gracias a estos dispositivos, la cuántica no solo se ha hecho visible, sino cotidiana. Aunque no pensemos en ello, cada vez que encendemos una pantalla o vemos una imagen brillante en nuestro televisor, estamos presenciando el resultado de décadas de investigación en física cuántica aplicada. Ver mejor, escuchar mejor, comunicarnos mejor: todo gracias al orden silencioso de los electrones.

Conclusión: el mundo en clave de bandas

Hoy nos resulta casi natural convivir con dispositivos que emiten luz, procesan información, se comunican entre sí y responden al instante. Pero detrás de esa aparente inmediatez se esconde una arquitectura profundamente precisa, tejida por las reglas de la mecánica cuántica.

Gracias a la teoría de bandas, podemos entender por qué un material conduce, aísla o emite luz. Más aún: podemos diseñar materiales que hagan exactamente lo que necesitamos, modulando el flujo de electrones y fotones con una sutileza que solo la física cuántica permite. Cada transistor que conmuta, cada LED que se enciende, es una expresión tangible del comportamiento ondulatorio de la materia.

Comprender cómo algo tan aparentemente abstracto como la estructura de bandas se traduce en sonido, imagen y comunicación nos recuerda que la física no es un saber distante, sino una herramienta para transformar el mundo. Y aunque no pensemos en huecos, electrones o potenciales periódicos al mirar una pantalla, saber que todo eso está ocurriendo justo ahí, tan cerca, puede hacer que lo cotidiano nos parezca, de pronto, más sutil, más ordenado, y también más extraordinario.

11

RESONANCIA MAGNÉTICA O CÓMO VERNOS POR DENTRO SIN CORTARNOS POR LA MITAD

Probablemente conozcas a alguien que se haya hecho una resonancia magnética. Puede que incluso hayas pasado por una. Tal vez por un dolor muscular, unas molestias persistentes o como parte de un chequeo rutinario. Hay quienes la encuentran incómoda por ser ruidosa, larga y un poco claustrofóbica. Para otros, es una oportunidad de desconexión, una pausa obligada que hasta se vuelve relajante. Y también están quienes las encuentran sencillamente fascinantes. Sea cual sea la experiencia, lo cierto es que esta tecnología ha transformado nuestra forma de explorar el interior del cuerpo humano.

Durante mucho tiempo, las herramientas más habituales para vernos por dentro fueron los rayos X y los ultrasonidos. La radiografía proyecta rayos ionizantes a través del cuerpo y genera imágenes a partir de las sombras que forman las estructuras densas, como los huesos. La ecografía, en cambio, funciona como un sonar corporal: emite ondas de sonido de alta frecuencia y reconstruye imágenes a partir del eco que devuelven los tejidos. Ambas técnicas son valiosas, pero ninguna ofrece el nivel de detalle que proporciona la imagen por resonancia magnética. Esta no solo permite ver con gran resolución; también revela la composición y el comportamiento de los tejidos, sin necesidad de intervención ni corte alguno.

Su principio es radicalmente distinto. Se apoya en una propiedad cuántica de los núcleos atómicos: el espín. Concretamente, en la forma en que los espines de los núcleos de hidrógeno —presentes en el agua que forma gran parte de nuestro cuerpo— responden a campos magnéticos intensos y pulsos de radiofrecuencia. Esas respuestas, casi imperceptibles, generan señales que se recogen, se amplifican y se convierten en imágenes. Cada una de ellas es un retrato subatómico de lo que somos.

Así que, aunque no lo parezca, tumbarse en esa camilla estrecha mientras el escáner zumba y retumba a nuestro alrededor es una de las formas más directas que tenemos de experimentar la mecánica cuántica en acción. Porque esta tecnología es, sin exagerar, una de las aplicaciones más sofisticadas —y cotidianas— del conocimiento cuántico. Y para que llegara a las clínicas y hospitales, antes hizo falta descubrir y comprender una propiedad fundamental de la materia que, en realidad, no conocíamos hasta tiempos relativamente recientes.

¿QUÉ TIENE QUE VER LA CUÁNTICA EN TODO ESTO?

El principio físico que hace posible tanto la imagen por resonancia magnética como otras tecnologías afines es, precisamente, la resonancia magnética nuclear. Esta técnica se apoya en pilares fundamentales de la mecánica cuántica, que describen cómo se comportan los núcleos atómicos al interactuar con campos magnéticos.

Todo comienza con una propiedad cuántica llamada espín nuclear: una forma de momento angular intrínseco que poseen protones y neutrones. El espín está íntimamente ligado a las simetrías que gobiernan la mecánica cuántica, y determina cómo responden los núcleos cuando se ven sometidos a un campo magnético externo. Bajo esas condiciones, pueden absorber y emitir energía si se les estimula con una señal de radiofrecuencia cuya energía coincida exactamente con la diferencia entre sus niveles permitidos.

Este fenómeno de resonancia permite, por un lado, conocer las características del núcleo atómico y, por otro, deducir propiedades de su entorno molecular más cercano. De ahí surgen dos aplicaciones distintas pero complementarias: la espectroscopía por resonancia magnética nuclear, que permite analizar con precisión la composición química de una sustancia, y la imagen por resonancia magnética, que reconstruye con gran detalle la distribución de protones en el cuerpo, especialmente los presentes en las moléculas de agua, lo que permite visualizar con precisión las distintas estructuras y tejidos sin necesidad de intervención invasiva.

La resonancia magnética nuclear es un ejemplo paradigmático de cómo la física cuántica se traduce en aplicaciones macroscópicas. Nos permite observar señales que emergen del comportamiento colectivo de millones de núcleos atómicos, pero cuyo origen es indiscutiblemente cuántico. Sin estos principios, ni la espectroscopía ni las imágenes médicas que hoy consideramos rutinarias serían posibles.

¿En qué consiste la resonancia magnética nuclear?

Para entender cómo funcionan las tecnologías basadas en la resonancia magnética nuclear, primero es necesario comprender en qué consiste este fenómeno. Aunque se trate de un proceso con múltiples niveles de complejidad, para los propósitos de este libro basta con detenernos en los más accesibles.

La resonancia magnética nuclear es una técnica que aprovecha ciertas propiedades cuánticas de los núcleos atómicos con espín neto distinto de cero, como el hidrógeno-1 o el carbono-13. Los núcleos están formados por protones y neutrones, y cuando la suma de estas partículas es un número impar, el núcleo adquiere un momento angular intrínseco que da lugar a un momento magnético. Esta propiedad, tan fundamental como la masa o la carga eléctrica, se conoce como espín.

El espín hace que los núcleos se comporten como pequeños imanes. Al aplicar un campo magnético externo, sus momentos magnéticos tienden a alinearse paralela o antiparalelamente con la dirección del campo, de forma similar a como una brújula se orienta respecto al campo magnético terrestre. Pero, además, el núcleo no permanece estático, sino que comienza a girar alrededor de esa dirección. La velocidad de este giro está determinada por una frecuencia específica, conocida como frecuencia de Larmor, que depende tanto de la intensidad del campo magnético como de las propiedades del núcleo. Esta frecuencia recibe su nombre en honor al físico y matemático irlandés Joseph Larmor.

Cuando el espín está perfectamente alineado con el campo magnético, el núcleo gira sobre su eje siguiendo la dirección del campo. Pero si se encuentra ligeramente inclinado respecto a ese eje, describe un movimiento de rotación en forma de cono, como una peonza que no gira del todo vertical. A este movimiento se le conoce como precesión.

Durante la precesión, los espines generan una señal electromagnética que contiene información sobre el entorno químico del núcleo. Pero para que esta señal se produzca, es necesario que los espines no estén completamente alineados con el campo magnético. Es decir, se requiere un estímulo que los desplace desde su alineación inicial hacia una orientación que permita detectar esa señal.

Ese estímulo consiste en un segundo campo magnético, oscilante, cuya frecuencia debe coincidir con la frecuencia de Larmor del tipo de núcleo que se desea estudiar. Cuando se cumple esta condición, los espines absorben energía y se inclinan, comenzando a precesionar alrededor del campo magnético principal. Es en ese momento cuando se alcanza la resonancia con el momento magnético del núcleo. De ahí el nombre: resonancia magnética nuclear.

La señal y la relajación

Una vez que el espín ha sido desviado de su alineación mediante el campo oscilante, este segundo campo puede desconectarse. A partir de ese momento, el núcleo tiende de forma natural a regresar, poco a poco, a su estado inicial, es decir, a realinearse con el campo magnético constante. Este proceso se conoce como relajación.

Durante la relajación, los espines continúan precesionando, generando una señal electromagnética que se atenúa progresivamente hasta desaparecer por completo, una vez que se ha alcanzado el equilibrio. La forma en que esta señal decae encierra información valiosa.

Por un lado, la velocidad con la que los espines se relajan ayuda a identificar el tipo de núcleo atómico del que proviene la señal. Por otro, en presencia de múltiples núcleos, las interacciones entre ellos y con su entorno químico modifican ese decaimiento, introduciendo variaciones que contienen información sobre el entorno molecular inmediato.

Estos detalles son especialmente relevantes cuando se desea distinguir entre diferentes tipos de tejidos en el cuerpo humano o determinar la posición precisa de cada átomo en una molécula. Por eso, la señal registrada durante la relajación no solo refleja el comportamiento del núcleo individual, sino también el contexto físico y químico en el que se encuentra.

Una forma simple de visualizar la resonancia

Pensar en núcleos, espines y campos magnéticos oscilantes puede resultar abstracto. Una forma sencilla de visualizar lo que está ocurriendo es imaginar un columpio en un parque.

Cada columpio tiene un ritmo natural de oscilación, determinado por la longitud de sus cadenas. Si lo empujamos siguiendo ese ritmo —ni antes ni después—, estamos aplicando una fuerza en sincronía con su frecuencia natural, algo similar a la frecuencia de Larmor en el caso de los núcleos. Cuando eso ocurre, la energía se transfiere de forma óptima, y el columpio sube cada vez más alto: decimos que hemos entrado en resonancia.

Si, en cambio, empujamos fuera de tiempo —demasiado pronto o demasiado tarde—, la energía no se transfiere bien, y el movimiento pierde fuerza. En ese caso, estaríamos fuera de resonancia.

Con los espines nucleares sucede algo muy parecido. Cuando aplicamos un campo magnético oscilante con la frecuencia adecuada, empujamos los espines en el momento justo, llevándolos a un estado de mayor energía. Y eso es, precisamente, lo que llamamos resonancia.

Como ves, estamos ante un fenómeno extraordinariamente complejo que ocurre en el núcleo mismo de la materia. Su descubrimiento fue posible gracias a una combinación de avances teóricos previos y desarrollos tecnológicos surgidos tras la Segunda Guerra Mundial, y mereció el Premio Nobel de Física en 1952.

Veamos ahora cómo llegamos a comprender este mecanismo, que nos permite observar uno de los niveles más profundos de la naturaleza.

¿CUÁNDO, QUIÉNES Y CÓMO SE DESCUBRIÓ LA RESONANCIA MAGNÉTICA NUCLEAR?

El primer giro: Rabi y el origen de la resonancia magnética

La historia de la resonancia magnética nuclear comienza casi una década antes de su descubrimiento formal, con el físico estadounidense Isidor Isaac Rabi. En aquel entonces, Rabi se interesaba por estudiar las propiedades magnéticas de los núcleos atómicos. Su objetivo era comprender cómo respondían los núcleos a la presencia de campos magnéticos, y para ello ideó un enfoque completamente nuevo al que bautizó método de resonancia de haces moleculares.

Este método consistía en hacer pasar un haz de moléculas a través de un campo magnético, al mismo tiempo que se aplicaba una onda de radio con la frecuencia adecuada. Esa onda de radio no es más que un campo magnético oscilante y, según su frecuencia de oscilación, hablamos de un tipo de radiación u otro. En este caso, la frecuencia se encuentra en el rango de las ondas de radio, por eso, para simplificar, se dice que se aplica radiofrecuencia.

Cuando la frecuencia de la onda de radio coincidía con la frecuencia de Larmor de los núcleos, estos cambiaban su orientación magnética. Ese cambio se detectaba como una desviación en la trayectoria del haz molecular. Dicho de forma más técnica, se inducía una transición entre niveles de energía nucleares mediante un proceso de resonancia. En 1938, Rabi y su equipo lograron medir por primera vez el momento magnético de un núcleo utilizando este método.

Este experimento le valió a Rabi el Premio Nobel de Física en 1944, con tan solo 46 años. Su contribución no fue únicamente técnica, también demostró que los núcleos atómicos podían responder de forma precisa y selectiva a frecuencias de radio, abriendo así la puerta a la detección experimental de propiedades cuánticas de la materia que, hasta entonces, solo se habían formulado en el terreno teórico.

Resonancia magnética en sistemas más complejos

El experimento de Rabi se realizaba en el vacío, es decir, con haces de moléculas aisladas. Sin embargo, tras el final de la Segunda Guerra Mundial surgió una nueva pregunta: ¿sería posible aplicar el mismo principio a muestras más complejas, como líquidos o sólidos, donde las moléculas ya no están aisladas, sino que forman parte de estructuras densas e interactivas? Si así fuera, tal vez podría detectarse la resonancia sin necesidad de aislar átomos individuales.

Al menos dos grupos de investigación se plantearon esta posibilidad. Por un lado, el equipo de la Universidad de Stanford, liderado por el físico suizo Felix Bloch —a quien ya conocemos por su trabajo en la teoría de bandas—. Por otro, el grupo de la Universidad de Harvard, dirigido por el físico estadounidense Edward Mills Purcell. Ambos trabajaban de forma independiente, con enfoques distintos pero con un mismo objetivo: adaptar los principios de Rabi a sistemas más grandes y complejos.

En lugar de usar haces de partículas, estos equipos colocaban una muestra —por ejemplo, agua— en el interior de una bobina, y estudiaban su comportamiento al aplicarle un campo magnético constante junto con una onda de radiofrecuencia. De manera casi simultánea, ambos grupos observaron que, cuando la frecuencia de la onda coincidía con la frecuencia de precesión de los núcleos de hidrógeno (es decir, su frecuencia de Larmor), la muestra absorbía esa energía y emitía una señal detectable. Era, al fin, la resonancia magnética nuclear en acción.

Y eso era precisamente lo que predecía la mecánica cuántica. En presencia de un campo magnético, los núcleos con espín pueden transitar entre distintos niveles de energía si reciben el «empujón» adecuado, en forma de radiación con la frecuencia justa. Lo que lograron Purcell y Bloch fue demostrar que esa absorción podía medirse experimentalmente y que la señal resultante revelaba información tanto sobre el núcleo como sobre su entorno molecular.

Ambos grupos publicaron sus resultados en 1946 y en 1952 compartieron el Premio Nobel de Física por el desarrollo de nuevos métodos para el estudio de la precisión nuclear magnética y por sus descubrimientos asociados.

Sus técnicas sentaron las bases de la espectroscopía por resonancia magnética nuclear, hoy imprescindible en química, biología y ciencia de materiales, y que, décadas después, daría origen a la imagen médica por resonancia magnética que usamos a diario en hospitales.

De la física de laboratorio a la espectroscopía química

Tras el descubrimiento de Bloch y Purcell en 1946, la resonancia magnética nuclear pasó rápidamente de ser un fenómeno de laboratorio a convertirse en una herramienta clave para explorar la estructura interna de las moléculas. Por primera vez, era posible observar el entorno atómico sin romper enlaces ni alterar las muestras.

Durante las décadas de 1950 y 1960, se desarrollaron los primeros espectroscopios de resonancia magnética nuclear, dispositivos capaces de detectar con gran precisión la señal emitida por los núcleos durante el proceso de relajación. Gracias a ellos fue posible determinar la disposición de los átomos en moléculas complejas y comprender mejor sus interacciones.

Estos avances supusieron una auténtica revolución en disciplinas como la química, la bioquímica o la farmacología, al permitir estudiar compuestos sin necesidad de recurrir a métodos invasivos o destructivos. En los años siguientes se incorporaron técnicas más refinadas, capaces de analizar sustancias cada vez más grandes y complejas. Así nació la espectroscopía de resonancia magnética nuclear moderna (RMN, por sus siglas en inglés), una herramienta que sigue siendo imprescindible en el análisis de compuestos, el diseño de nuevos fármacos y el estudio detallado de proteínas y otras macromoléculas biológicas.

Mapear con espines: el origen de la imagen por resonancia magnética

En los años setenta comenzó a explorarse la posibilidad de utilizar la resonancia magnética nuclear no solo para identificar qué elementos componen una sustancia, sino también para determinar su localización exacta dentro de ella. La pregunta era clara: ¿se podría emplear esta técnica para visualizar el interior de los materiales o incluso del cuerpo humano?

En ese momento, el estudio de la resonancia magnética se había extendido ya a múltiples universidades y centros de investigación, lo que dio lugar a un esfuerzo colectivo del que surgirían importantes avances. Fue precisamente este entorno el que permitió que, en 1973, el físico británico Paul Lauterbur diera con la clave que haría posible desarrollar esta idea. Propuso introducir variaciones controladas en el campo magnético externo para que la frecuencia de Larmor dependiera también de la posición espacial del núcleo. Así, las diferencias en frecuencia permitirían reconstruir una imagen tridimensional del interior de una muestra... o de una persona.

Pocos años después, el también físico británico Peter Mansfield perfeccionó el proceso al desarrollar la técnica de selección de cortes. Esta consistía en modular con precisión las variaciones del campo magnético para abarcar zonas concretas de la muestra. También introdujo mejoras esenciales en el análisis de la señal para generar imágenes legibles y útiles para el diagnóstico.

Ambos recibieron el Premio Nobel de Medicina en 2003 por su papel en el desarrollo de la imagen médica por resonancia magnética como técnica no invasiva, libre de radiación y basada en principios de la física cuántica, capaz de distinguir tejidos con una precisión sin precedentes.

Lo que comenzó con haces de moléculas aisladas se transformó, en apenas medio siglo, en una tecnología capaz de observar el interior del cuerpo humano con una nitidez extraordinaria. Este desarrollo integró mecánica cuántica, medicina, ingeniería y química, y sigue evolucionando. Aunque la imagen por resonancia magnética forma parte de las tecnologías cuánticas de primera generación, su perfeccionamiento actual se inscribe ya en el marco de las tecnologías cuánticas de segunda generación. Pero eso... lo exploraremos más adelante.

¿QUÉ PUEDE HACER LA RESONANCIA MAGNÉTICA POR MÍ?

En el caso de la resonancia magnética, no estamos ante un fenómeno que pueda esconderse en el interior de un diminuto dispositivo y pasar desapercibido, como ocurre con el efecto fotoeléctrico o los semiconductores. En parte, esto se debe a que el imán superconductor necesario para generar imágenes por resonancia magnética ocupa un espacio considerable.

Las tecnologías derivadas del fenómeno de la resonancia magnética nuclear son principalmente dos, aunque sus aplicaciones se extienden a múltiples campos científicos, médicos e industriales. Hablamos, por un lado, de la espectroscopía por resonancia magnética nuclear y, por otro, de la imagen por resonancia magnética nuclear.

Espectroscopía por resonancia magnética nuclear

Los primeros dispositivos basados en la resonancia magnética nuclear fueron los espectroscopios diseñados para aplicar esta técnica. Hoy en día, son herramientas fundamentales en los laboratorios, ya que permiten conocer la composición química de las muestras con una precisión extraordinaria. Se utilizan en química, medicina, farmacología, geología, ciencia de materiales, biología, medicina forense... en definitiva, en todas aquellas disciplinas donde sea necesario entender de qué está hecha la materia.

El funcionamiento de estos dispositivos parte de una secuencia ya conocida: se coloca la muestra —líquida, sólida o gaseosa— dentro de un imán muy potente que genera un campo magnético constante. Este campo hace que los espines nucleares de ciertos núcleos, como el hidrógeno-1, el carbono-13 o el nitrógeno-15, se alineen con él. A continuación, se aplica un pulso de radiofrecuencia cuya frecuencia depende del tipo de núcleo y de la intensidad del campo. Si coincide con la frecuencia de Larmor del núcleo en cuestión, se produce la resonancia: los núcleos absorben energía, cambian de estado y comienzan a precesionar.

Cuando el pulso cesa, los núcleos comienzan a relajarse, es decir, regresan a su estado de menor energía, realineándose con el campo. Durante este proceso, emiten una señal que se detecta como una corriente oscilante en una bobina receptora: el *Free Induction Decay* (FID).

A simple vista, el FID no parece más que una oscilación que se va apagando. Pero en su interior están codificadas todas las frecuencias a las que han respondido los distintos núcleos. Mediante una transformada de Fourier, esa señal se convierte en un espectro de frecuencias, con picos que revelan tanto la identidad de los núcleos como su entorno químico.

Aquí es donde aparece la verdadera potencia de la técnica: cada pico corresponde no solo a un tipo de núcleo, sino también a su contexto dentro de la molécula. Dos átomos de hidrógeno, por ejemplo, pueden pertenecer a la misma molécula pero encontrarse en posiciones distintas; el espectroscopio distingue esas diferencias sutiles y las traduce en datos concretos.

Gracias a ello, los espectroscopios de RMN permiten deducir estructuras moleculares, comprobar purezas, identificar productos de reacción o estudiar dinámicas internas.

Podríamos decir que un espectroscopio de resonancia magnética nuclear no *mira* la materia, sino que la *escucha*. Escucha cómo responden los núcleos a estímulos magnéticos y de radiofrecuencia, y a partir de esas respuestas reconstruye, sin destruirla, la arquitectura íntima de la materia. Es, sin duda, una de las herramientas más finas y poderosas de la ciencia moderna.

Imagen por resonancia magnética

Y llegamos, finalmente, a la joya de la corona de la resonancia magnética. Un escáner de imagen por resonancia magnética es una máquina compleja, pero su principio de funcionamiento es esencialmente el mismo que el de un espectroscopio: espines nucleares, campos magnéticos y ondas de radio. La gran diferencia radica en la escala y el propósito. Aquí no se trata de analizar la composición química de una muestra, sino de reconstruir el interior del cuerpo humano con un nivel de detalle extraordinario.

Estos escáneres tienen forma de anillo o rosquilla gigante, en cuyo interior se introduce al paciente tumbado. Esta geometría no es casual, ya que en su centro se genera un campo magnético intenso, constante y uniforme gracias a un imán superconductor. Es a lo largo de ese eje donde los núcleos de hidrógeno del cuerpo —especialmente abundantes en el agua de los tejidos— alinean sus espines con el campo externo.

Pero no basta con inducir la resonancia, también necesitamos saber dónde están resonando esos núcleos. Para lograrlo, el escáner aplica campos magnéticos adicionales, llamados gradientes, que introducen ligeras variaciones en la intensidad del campo principal según la posición. Como consecuencia, la frecuencia de Larmor también varía con el lugar, permitiendo que cada zona del cuerpo responda a una frecuencia distinta. Este detalle es clave: al aplicar un pulso de radiofrecuencia a una frecuencia concreta, solo una región del cuerpo entra en resonancia. Así es como el sistema puede asignar una señal a una localización precisa, y con ello construir una imagen tridimensional del interior del cuerpo.

Una vez definidos los gradientes, se aplica un pulso de radiofrecuencia que excita a los espines de la región deseada. Estos absorben energía, se desalinean ligeramente y comienzan a precesionar. Al apagarse el pulso, los espines se relajan y emiten una señal electromagnética, que es captada por bobinas receptoras distribuidas alrededor del anillo.

Esta señal —el equivalente al FID de la espectroscopía— contiene información sobre la posición, el tipo de tejido y su entorno molecular. Cada tejido tiene tiempos de relajación distintos, lo que permite generar contraste entre zonas como músculo, grasa, líquido cefalorraquídeo o cartílago. Los algoritmos aplican transformadas de Fourier y otras técnicas para interpretar las señales y construir una imagen completa.

El resultado es mucho más que una fotografía del interior del cuerpo. Cada píxel de la imagen representa el comportamiento colectivo de millones de espines interactuando con campos magnéticos, un fenómeno profundamente cuántico convertido, gracias a la tecnología, en una herramienta médica cotidiana. Una técnica no invasiva, libre de radiación y con una capacidad de diagnóstico que ha transformado la medicina moderna.

Conclusión: cuando la cuántica toma forma

La resonancia magnética nuclear es mucho más que una técnica avanzada. Es una ventana a la estructura más íntima de la materia, ese nivel donde los núcleos atómicos —con su espín, sus niveles de energía y sus respuestas a campos invisibles— se comportan con una precisión casi coreográfica. Lo que ocurre ahí, en ese plano tan fundamental, solo puede entenderse desde la mecánica cuántica. Y eso ya le confiere una especie de magia difícil de ignorar.

Pero hay algo en todo esto que resulta especialmente fascinante: ese mundo cuántico, abstracto y contraintuitivo, acaba tomando forma en máquinas enormes y tangibles. Un espectroscopio, un escáner de resonancia magnética... son objetos que se pueden ver, tocar, ensamblar. Y, sin embargo, están diseñados para registrar lo que sucede en el corazón mismo de la materia.

Hay en ello una paradoja hermosa, la de trabajar al mismo tiempo con lo más microscópico y lo más macroscópico. En una misma tecnología conviven espines nucleares y superconductores, campos invisibles y salas enteras. Es una conexión entre escalas que no solo ha transformado la investigación, sino también la forma en que nos relacionamos con el cuerpo, la salud y la materia.

Lo más sorprendente, quizá, es que estas tecnologías funcionan sin necesidad de que quien las utiliza comprenda los detalles de su funcionamiento. Una resonancia magnética puede salvar una vida sin que nadie tenga que pensar en espines, fotones o precesiones. Como si el universo permitiera acceder a sus leyes más profundas sin exigir, a cambio, una comprensión total.

Y, sin embargo, saber lo que ocurre añade una capa de sentido. Porque una vez que se conoce ese mecanismo íntimo, resulta difícil volver a mirar igual esos aparatos. Ni esas imágenes. Ni siquiera la materia. Detrás de todo, hay algo profundamente bello sucediendo.

12

LA EMISIÓN ESTIMULADA
Y LA OMNIPRESENCIA DEL LÁSER

A nivel tecnológico, es innegable que nuestro mundo cotidiano ha cambiado de forma notable. Por supuesto, ha sido una transformación gradual, una transición cómoda, casi natural, hacia lo que hoy damos por hecho. El cambio ha sido tan progresivo que resulta fácil perderse en largas y entretenidas conversaciones sobre cómo hacíamos ciertas cosas antes y cómo las hacemos ahora. Cómo escuchábamos música en vinilo y cómo el tamaño del disco fue reduciéndose hasta desaparecer por completo, integrándose en nuestros propios teléfonos. Cómo un tatuaje solía ser para toda la vida y ahora puede borrarse de la piel. O cómo lo más cercano a dejar de usar gafas era ponerse lentillas, mientras que hoy basta con unos minutos en un quirófano para salir con la vista corregida y sin necesidad de volver a usarlas.

Esos cambios no ocurrieron de la noche a la mañana. Se fueron incorporando poco a poco a nuestra vida diaria. Sin embargo, todos comparten algo más que su ritmo pausado de evolución. En el corazón de esos avances se encuentra una tecnología tan fundamental como versátil: el láser.

Cuando escuchamos la palabra «láser», es común pensar en un aburrido puntero o en el arma favorita de todo villano de película. Pero su potencial va mucho más allá. Gracias a los láseres, podemos cartografiar entornos sin pisarlos, comunicarnos casi al instante con personas a miles de kilómetros e, incluso, detectar las esquivas ondas gravitacionales.

El láser, al igual que el transistor, llegó para quedarse y expandirse. Hoy en día, está presente en una enorme variedad de sectores industriales y tecnológicos, destacando por su precisión y adaptabilidad. Se ha convertido en una herramienta transversal, capaz de adaptarse a contextos tan dispares como una cadena de montaje o un acelerador de partículas.

Curiosamente, en sus orígenes fue visto como un invento sin aplicación práctica. Una «solución en busca de problema». Pero el tiempo se encargó de demostrar lo contrario.

Hoy, el láser forma parte de innumerables dispositivos que nos rodean. Así que, llegado este punto, surge inevitablemente la pregunta: ¿cómo ha sido posible que la cuántica nos haya llevado hasta aquí? ¿Qué hay de cuántico en todos estos aparatos?

¿QUÉ TIENE QUE VER LA CUÁNTICA EN TODO ESTO?

La propia palabra láser ya sugiere su origen cuántico, ya que es el acrónimo de *Light Amplification by Stimulated Emission of Radiation*, que en español se traduce como «amplificación de luz mediante emisión estimulada de radiación».

Esto no es un simple juego de palabras. Para que un láser funcione como tal, debe producirse un fenómeno específico que solo puede explicarse desde la física cuántica: la emisión estimulada. Esta ocurre precisamente porque la energía de los átomos está cuantizada. Es decir, los átomos no pueden absorber ni emitir luz de forma continua, sino únicamente en paquetes discretos de energía bien definidos.

Cuando un átomo se encuentra en un estado excitado —es decir, con más energía de la habitual— y pasa cerca de él un fotón con la energía adecuada, ese fotón puede estimular al átomo a emitir otro fotón exactamente igual: con la misma energía, dirección y fase. Si muchos átomos responden del mismo modo, el resultado es un haz de luz perfectamente coherente y extraordinariamente preciso, y eso es lo que vemos salir del láser.

Esta reacción en cadena, donde los fotones incitan a los átomos excitados a emitir copias idénticas de sí mismos, es lo que conocemos como emisión estimulada. Y, como veremos a continuación, este proceso colectivo, ordenado y coherente solo puede entenderse desde la mecánica cuántica.

¿EN QUÉ CONSISTE LA EMISIÓN ESTIMULADA?

La emisión estimulada es un proceso cuántico en el que un fotón puede inducir a un átomo o una molécula, que ya se encuentra en un estado excitado, a liberar otro fotón idéntico al primero. En realidad, quien emite ese segundo fotón es el electrón del átomo o la molécula con la que ha interactuado el fotón entrante. Pero para entender qué significa esto, conviene repasar qué implica que un átomo esté excitado.

Las dos personalidades del átomo: estado fundamental y estado excitado

Un átomo posee distintos niveles de energía posibles para sus electrones. Dependiendo de la cantidad de energía que tenga, un electrón puede situarse en uno u otro de estos niveles. Cuando se encuentra más cerca del núcleo, su energía es mínima y el sistema es más estable. Este nivel más bajo se conoce como *estado fundamental*. Los electrones tienden naturalmente a ocupar este estado, ya que minimiza la energía total del átomo. Además, en el estado fundamental, el electrón no ha absorbido energía externa, por lo que su configuración es estable y no emite radiación.

Cualquier nivel superior al estado fundamental se denomina *estado excitado*. Se alcanza cuando el átomo absorbe energía externa —ya sea en forma de luz, calor o electricidad— y uno de sus electrones salta a un nivel de energía más alto, alejándose del núcleo. Este proceso se conoce como *excitación*. Sin embargo, los estados excitados son inestables, ya que los electrones tienden a regresar al estado fundamental, liberando la energía que habían absorbido, normalmente en forma de radiación electromagnética, como luz visible o ultravioleta. Es como si el átomo no estuviera cómodo fuera de su equilibrio, y tarde o temprano encontrara la manera de devolver esa energía al mundo en forma de luz

Emisión espontánea, emisión estimulada y absorción

Cuando un electrón en estado excitado regresa a un nivel de energía inferior, puede hacerlo de forma espontánea, es decir, sin que medie ninguna interacción externa. En ese caso, el electrón desciende por sí solo y el exceso de energía se libera en forma de un fotón. Este fotón, sin embargo, tiene propiedades aleatorias, es decir, su dirección, fase y polarización no siguen ningún patrón definido. Es lo que se conoce como un fotón incoherente.

Aunque carecen de orden en su dirección, fase o polarización, estos fotones tienen siempre una energía que corresponde exactamente a la diferencia entre los dos niveles energéticos implicados. Este fenómeno se llama *emisión espontánea*, y es el que origina la luz común que percibimos en el día a día. Por ejemplo, en una bombilla incandescente, los electrones del filamento se excitan debido al paso de la corriente eléctrica y, al volver a estados más bajos, emiten luz en forma de fotones con propiedades aleatorias. El resultado es una luz blanca e incoherente. Un caso distinto pero igualmente cotidiano es el de las

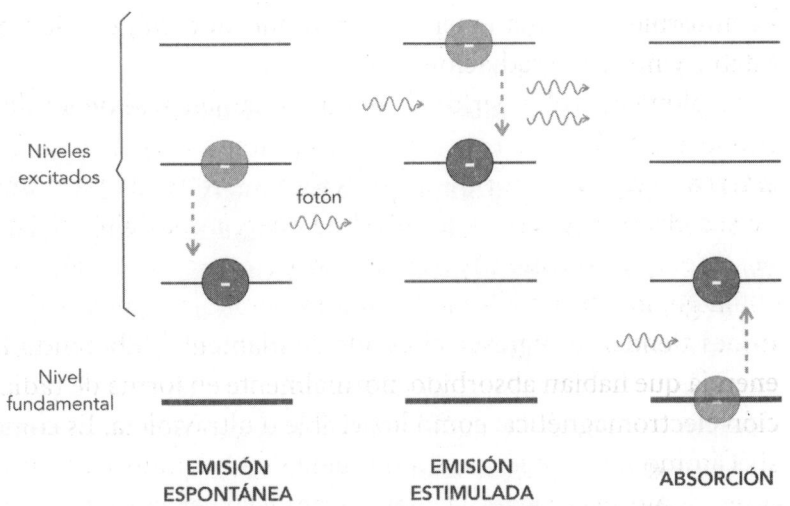

Niveles excitados

fotón

Nivel fundamental

EMISIÓN ESPONTÁNEA

EMISIÓN ESTIMULADA

ABSORCIÓN

Emisión espontánea, emisión estimulada y absorción.

estrellas fosforescentes que se colocan en el techo para simular un cielo estrellado. Cuando absorben luz —por ejemplo, durante el día—, la energía excita los electrones del material fosforescente, elevándolos a un estado energético superior. Estos electrones permanecen allí durante un tiempo relativamente largo y, de forma gradual y espontánea, regresan a su estado original, liberando la energía almacenada en forma de fotones visibles. Esa es la tenue luz que nos acompaña cuando apagamos la lámpara.

En cambio, en la *emisión estimulada* no se espera a que el electrón decaiga de forma natural. En su lugar, se introduce un fotón cuya energía coincide exactamente con la diferencia entre dos niveles energéticos permitidos del átomo. Este fotón interactúa con un electrón que ya se encuentra en estado excitado, provocando su descenso y, con ello, la emisión de un segundo fotón. Pero a diferencia de la emisión espontánea, este fotón no es aleatorio, sino que es idéntico al primero. Tiene la misma energía, dirección, fase y polarización. En otras palabras, se generan fotones coherentes. Este fenómeno es el núcleo del funcionamiento del láser: una cascada de emisiones estimuladas que produce un haz de luz ordenado y coherente.

Ahora bien, si el fotón incidente no tiene exactamente la energía que separa dos niveles permitidos, no ocurre nada, el electrón lo ignora. Si el fotón tiene más energía de la necesaria, el exceso puede ser suficiente para arrancar al electrón del átomo, como vimos en el efecto fotoeléctrico.

Finalmente, si el electrón se encuentra en el estado fundamental y recibe un fotón cuya energía coincide con la diferencia entre niveles, el electrón absorbe ese fotón y asciende a un nivel superior. En este caso, no se emite radiación: toda la energía del fotón se emplea en el salto. Este proceso se conoce, simplemente, como *absorción*.

Todo esto solo es posible porque la energía está cuantizada, como propuso Planck. Sin niveles discretos, no existirían estos saltos definidos ni se liberaría energía en forma de fotones perfectamente controlables. Por eso, la emisión estimulada es un fenómeno que no puede entenderse sin la mecánica cuántica.

¿CUÁNDO, QUIÉNES Y CÓMO SE DESCUBRIÓ LA EMISIÓN ESTIMULADA?

El fenómeno de la emisión estimulada de radiación fue propuesto por primera vez por Albert Einstein, en 1917, en su artículo «Sobre la teoría cuántica de la radiación». En él, anticipó teóricamente la existencia de este proceso, aunque aún tendrían que pasar varias décadas hasta que pudiera ser aprovechado tecnológicamente.

Una predicción teórica sin fisuras

Einstein partía de una pregunta fundamental: ¿cómo interactúa la radiación con la materia cuando se alcanza el equilibrio térmico? Es decir, ¿de qué manera absorben y emiten luz los átomos en esas condiciones? Para entonces, ya se conocían los procesos de absorción y de emisión espontánea. Sin embargo, al buscar una formulación coherente que conectara la ley de Planck con los principios de la termodinámica, Einstein dedujo que debía existir un tercer mecanismo, hasta entonces desconocido. Lo llamó «emisión estimulada».

Aunque en su momento no existían medios experimentales para comprobar su existencia, el razonamiento teórico era tan sólido que resultaba difícil rechazar su conclusión. La emisión estimulada no era solo una posibilidad: era una consecuencia directa e inevitable de aplicar la física cuántica al intercambio de energía entre luz y materia.

El primer resultado: el MASER

La primera evidencia experimental de la emisión estimulada llegó en 1953, de la mano de los físicos estadounidenses Charles Hard Townes, James Power Gordon y Herbert J. Zeiger. En lugar de emplear luz visible, como haría más tarde el láser, utilizaron radiación de microondas, una forma de luz de menor frecuencia y energía. Por eso, el dispositivo que desarrollaron recibió otro nombre: MASER, acrónimo de *Microwave Amplification by Stimulated Emission of Radiation*.

El MASER se basa en el mismo principio fundamental que el láser: estimular a un electrón en estado excitado para que emita un segundo fotón idéntico al primero. Solo que, en este caso, lo que se amplifica no es luz visible, sino microondas. Cuando un electrón en estado excitado interactúa con una microonda de la frecuencia adecuada, desciende a un nivel de energía inferior y emite una nueva microonda, exactamente igual a la que lo estimuló.

En el experimento original, el medio activo —es decir, el conjunto de átomos que podían emitir radiación— estaba formado por moléculas de amoníaco. El primer paso consistía en seleccionar aquellas que se encontraban en un estado excitado. Luego, ese haz de moléculas pasaba por una cavidad resonante de microondas —una especie de caja de «eco» para ondas electromagnéticas— en la que ya circulaba una débil señal de microondas. Al atravesar la cavidad, las moléculas excitadas eran estimuladas por esa señal y respondían generando nuevas microondas, perfectamente coherentes con la original. El resultado era una amplificación controlada; una señal intensa, estable y precisa. Había nacido el primer MASER funcional.

Este avance no solo demostraba que la emisión estimulada era real, sino que además podía aprovecharse tecnológicamente. El MASER proporcionaba una fuente de microondas ultraestable, con un nivel de precisión y pureza sin precedentes. Su utilidad no tardó en confirmarse y en los años sesenta comenzó a utilizarse como amplificador en sistemas de comunicación por satélite y en radares, especialmente en los receptores, donde resulta crucial amplificar señales sin distorsión.

Mismo principio, otras frecuencias

Tras el éxito del MASER, algunos miembros de la comunidad científica comenzaron a preguntarse si sería posible aplicar el mismo principio a otras frecuencias del espectro electromagnético, en particular, a la luz visible. De hecho, en 1958, Townes y el también físico estadounidense Arthur Schawlow publicaron un artículo teórico en el que describían cómo podría funcionar lo que denominaron un «MASER óptico». Ese nombre todavía no incluía la palabra láser, pero el concepto ya estaba sobre la mesa.

El desafío, sin embargo, no era menor. Para que la emisión estimulada funcionara de forma sostenida era necesario que hubiese más átomos en estado excitado que en el estado fundamental, lo que se conoce como inversión de población. En el caso de las microondas, esto ya se había logrado, pero hacerlo con luz visible parecía casi imposible con los materiales conocidos por entonces.

Además, la propia naturaleza de la luz visible añadía obstáculos. A diferencia de las microondas —que pueden almacenarse y reflejarse fácilmente en cavidades metálicas—, la luz visible tiende a interactuar con los materiales de forma mucho más intensa: se dispersa, se absorbe, se pierde. Muchos materiales simplemente no reflejan ni amplifican la luz como se requería. A finales de los años cincuenta, la impresión generalizada era que no existía un medio óptico capaz de generar una emisión estimulada suficientemente controlada.

Y, sin embargo, Theodore Maiman, ingeniero y físico estadounidense, vio una oportunidad donde otros solo veían límites. Aunque el rubí ya había sido descartado por otros grupos, Maiman intuyó que este cristal podía tener justo las propiedades necesarias. El rubí —óxido de aluminio dopado con cromo— presenta un estado metaestable; una especie de «aterrizaje intermedio» en el que los electrones pueden permanecer excitados durante un tiempo relativamente largo antes de emitir un fotón. Esa característica, facilitada por los iones de cromo, era clave para lograr la inversión de población.

Además, el rubí podía excitarse fácilmente mediante luz intensa, especialmente utilizando lámparas de xenón o flashes de alta energía, como la de una lámpara de xenón o un flash de alta energía. Y la transición energética que se producía en su interior generaba una luz visible de color rojo intenso y brillante. Este detalle no solo era útil para demostrar experimentalmente el fenómeno, sino que además permitía observar directamente el resultado con una luz claramente distinguible.

Así, en 1960, construyó el primer láser, utilizando un cristal de rubí. Logró lo que durante años se había considerado inviable: una fuente de luz coherente, visible y controlada, basada en un principio teórico que Einstein había anticipado más de cuatro décadas antes.

Cristal de rubí, el corazón del primer láser

El núcleo de aquel primer láser era un cilindro de rubí sintético de apenas unos pocos centímetros de largo. A su alrededor, como abrazándolo, se colocó una lámpara de flash de xenón en forma de espiral, muy similar a las que se usaban entonces en fotografía. Cuando se disparaba el flash, el rubí absorbía la intensa ráfaga de luz, excitando así a los electrones de sus iones de cromo.

El objetivo era lograr la inversión de población, es decir, conseguir que hubiera más electrones en estado excitado que en estado fundamental. Una vez excitados, los electrones descendían a un nivel metaestable, donde podían permanecer durante unos milisegundos, lo suficiente para acumularse antes de decaer.

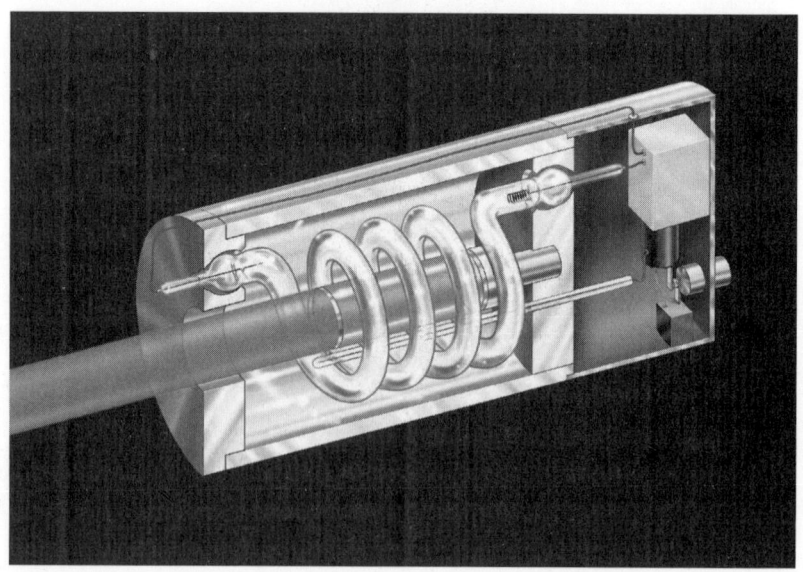

Diagrama del láser de Rubi presentado en 1960.

Si uno de estos electrones encontraba un fotón con la energía adecuada, ese fotón podía estimularlo a caer al estado fundamental, provocando la emisión de otro fotón idéntico. Ese segundo fotón podía a su vez estimular a otros electrones, generando una reacción en cadena. Así comenzaba la amplificación coherente de la luz.

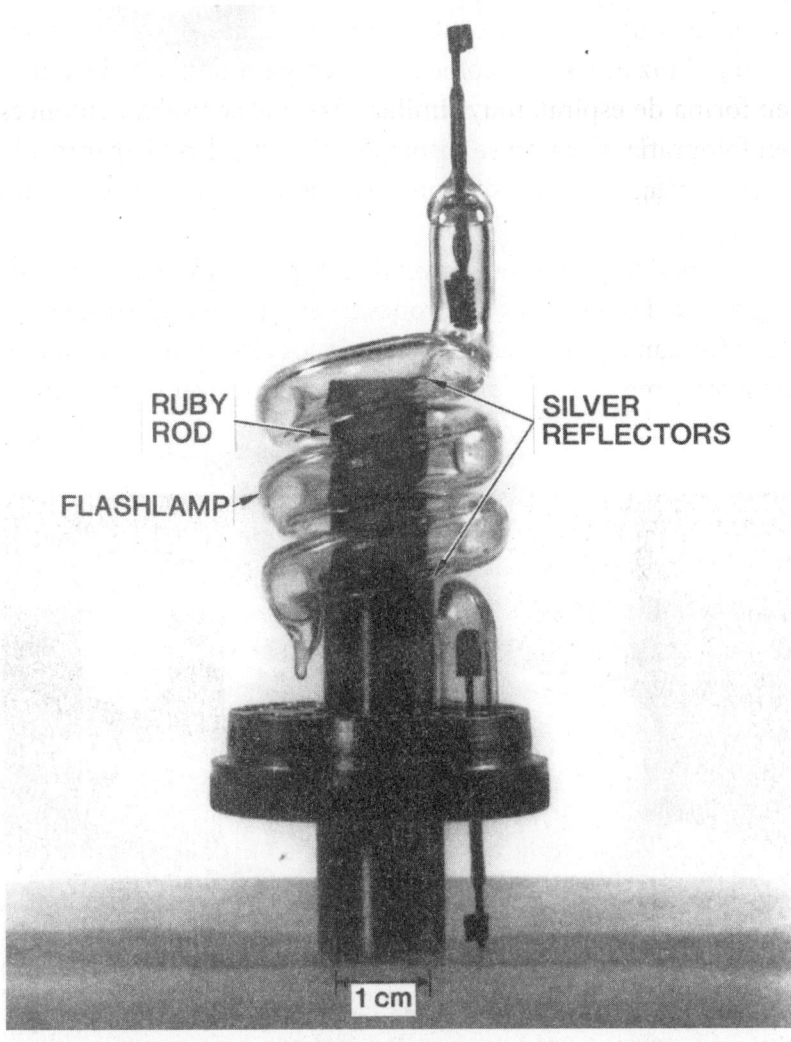

Láser de Rubi. Fuente: https://engineeringhistory.tumblr.com/image/64861558218

En los extremos del cilindro se colocaron dos espejos: uno completamente reflectante y otro semireflectante, que dejaba pasar una pequeña parte del haz. Los fotones rebotaban entre ambos espejos, atravesando una y otra vez el medio activo (el rubí) y estimulando nuevas emisiones a cada paso. Al final, parte de esa luz coherente escapaba a través del espejo parcialmente transparente en forma de un pulso breve e intenso de luz roja.

Así, en 1960, nacía el primer láser de la historia.

Se busca problema para esta solución

Pese a la hazaña técnica que supuso su construcción, el primer láser no fue recibido con entusiasmo generalizado. Era una demostración brillante de principios cuánticos, sí, pero no parecía tener un propósito claro. De hecho, el propio Arthur Schawlow llegó a decir en una ocasión: «El láser es una solución en busca de un problema». Y no era el único que pensaba así.

La comunidad científica valoraba su precisión, su coherencia, su elegancia teórica… pero su aplicación práctica no estaba nada clara. Durante sus primeros años, era más bien una curiosidad de laboratorio que una herramienta de uso cotidiano.

Sin embargo, con el tiempo, esa percepción cambió por completo. Empezaron a surgir aplicaciones para las que el láser no solo era útil, sino insustituible. Uno de sus primeros usos prácticos fue la medición de largas distancias con gran exactitud. En 1962 se utilizó un haz láser para medir la distancia entre la Tierra y la Luna. También encontró un lugar en la medicina, permitiendo cortar tejidos con una precisión extrema y un daño colateral mínimo, especialmente útil en intervenciones delicadas como la cirugía de retina.

Hoy, el láser está presente en tantos dispositivos que muchas veces ni siquiera somos conscientes de que lo estamos utilizando. Está en la ciencia, la medicina, la industria y la tecnología cotidiana. Aunque al principio fue recibido con escepticismo, el láser pasó de ser una curiosidad cuántica a convertirse en una de las tecnologías más ubicuas e influyentes del siglo xx. Y todo gracias a un fenómeno que Einstein predijo sobre el papel casi medio siglo antes.

¿QUÉ PUEDE HACER LA EMISIÓN ESTIMULADA POR MÍ?

Aunque pueda parecer un fenómeno abstracto, la emisión estimulada se manifiesta de forma muy tangible en nuestra vida diaria. Lo hace, claro está, a través de una herramienta que ya apenas notamos por lo integrada que está: el láser. Su presencia es tan ubicua y variada que recuerda a la del transistor, otro ejemplo de cómo la física cuántica se ha convertido en infraestructura de lo cotidiano.

Los usamos sin saberlo para leer códigos de barras en el supermercado, reproducir música desde un CD, imprimir en 3D o mover el cursor del ratón. También están en nuestros móviles, donde miden distancias con sorprendente precisión para enfocar la cámara o crear mapas tridimensionales del entorno. No son solo chispas de luz llamativas en conciertos, son herramientas de precisión.

En medicina, la capacidad de los láseres para concentrar la luz y el calor con altísima exactitud ha abierto nuevas posibilidades en cirugía ocular, dermatología, odontología y otras especialidades. Y en la industria se emplean para cortar, soldar o grabar materiales sin contacto físico ni desgaste, lo que permite trabajar con una delicadeza y limpieza difíciles de alcanzar por métodos mecánicos.

El diseño básico de cualquier láser incluye tres elementos: un medio activo, donde ocurre la emisión estimulada; una fuente de energía o bombeo, que excita los electrones; y una cavidad óptica, donde los fotones rebotan y amplifican la señal. Uno de los espejos deja escapar parte de ese haz, que es el rayo que finalmente vemos.

Láseres de diodo: comunicación y precisión gracias a la semiconducción

Uno de los tipos de láser más extendidos hoy en día es también uno de los más discretos: el láser de diodo. Su medio activo no es un cristal ni un gas, sino un semiconductor, lo que le permite funcionar de forma muy eficiente en tamaños muy reducidos. Los encontramos en lectores de discos, punteros láser, sensores y en multitud de dispositivos electrónicos que apenas ocupan espacio.

A diferencia de otros láseres, que necesitan lámparas para excitar el medio, los láseres de diodo se activan directamente al aplicar una corriente eléctrica. En el interior del semiconductor, los electrones y los huecos se recombinan en una región específica, liberando energía en forma de fotones. Así se inicia el proceso de emisión estimulada que ya conocemos.

Una de las aplicaciones más significativas de esta tecnología está en la fibra óptica, la columna vertebral de nuestras conexiones a internet. En este caso, los datos se transmiten mediante pulsos de luz que recorren delgadas hebras de vidrio guiados por reflexión interna total. Esa luz la genera un diminuto láser de diodo.

Cuando escribes una dirección web o haces clic en un enlace, tu ordenador traduce esa solicitud a una cadena de ceros y unos. Luego, el láser se enciende o apaga siguiendo ese patrón, generando los pulsos de luz que viajan por la red. Al llegar a destino, otro dispositivo interpreta la señal luminosa y reconstruye la información original. En ese instante, casi sin que te des cuenta, estás comunicándote a través de luz coherente generada por un láser cuántico del tamaño de una uña.

Pero ahí no termina todo. Los láseres de diodo también están en el corazón del sistema LiDAR (acrónimo de *Light Detection and Ranging*, en español «detección y medición de distancias mediante luz»). Estos dispositivos emiten pulsos de luz coherente y mide el tiempo que tardan en rebotar para reconstruir en tres dimensiones el entorno. Esta técnica, que suena a ciencia ficción, se usa ya en vehículos autónomos, robótica industrial… e incluso en muchos de los móviles que llevamos en el bolsillo. Gracias a ellos, un teléfono puede «ver» el entorno, detectar superficies, medir distancias o enfocar con mayor precisión. Así que es muy posible que lleves en el bolsillo una pieza de tecnología de precisión sin siquiera sospecharlo.

LIGO: escuchando el rugir del universo

Entre todas las aplicaciones del láser, pocas resultan tan impresionantes como el observatorio LIGO. No solo por su complejidad técnica, sino por lo que representa: una herramienta capaz de detectar temblores en el tejido del espacio-tiempo causados por colisiones cósmicas extremas, como la fusión de agujeros negros, el choque de estrellas de neutrones o incluso posibles ecos del Big Bang.

LIGO es el acrónimo de *Laser Interferometer Gravitational-Wave Observatory*, es decir, «observatorio de ondas gravitacionales por interferometría láser». Las ondas gravitacionales fueron predichas por Albert Einstein en 1916 como parte de su teoría general de la relatividad, pero no se detectaron directamente hasta casi un siglo después, en 2015, gracias a este sistema. Para captar señales tan débiles, LIGO emplea una técnica llamada interferometría láser de alta precisión, que permite medir diferencias de distancia increíblemente pequeñas, del orden de una fracción de milésima del tamaño de un protón.

Cada una de las dos instalaciones de LIGO tiene forma de L, con brazos de cuatro kilómetros dispuestos en ángulo recto.

Desde el vértice común se emite un haz de luz láser que se divide en dos: uno se dirige por el brazo horizontal y otro por el vertical. Ambos recorren su respectivo túnel, rebotan en espejos de altísima precisión y regresan al punto de partida. Si ambas trayectorias han sido exactamente iguales, las ondas se cancelan al recombinarse y no se detecta señal. Pero si una onda gravitacional atraviesa el observatorio, deforma levemente el espacio, estirando un brazo y encogiendo el otro, lo que altera la coincidencia de los haces. Esa pequeñísima diferencia modifica el patrón de interferencia de los haces láser, y esa variación es precisamente la señal que el detector recoge. A partir de ella, los científicos pueden reconstruir el evento cósmico que la originó.

El 14 de septiembre de 2015, LIGO registró por primera vez una señal clara: una onda gravitacional generada por la colisión de dos agujeros negros a 1 300 millones de años luz de distancia. Era la primera vez en la historia que la humanidad «escuchaba» el universo de esta manera. Posteriormente, en 2017, LIGO y su contraparte europea, Virgo, observaron la fusión de dos estrellas de neutrones. En esa ocasión no solo detectaron la onda gravitacional, sino también su luz, radiación gamma y otras señales. Ese evento marcó el inicio de una nueva era: la de la astronomía multimensajero.

LIGO es, en cierto modo, un enorme estetoscopio cósmico que nos permite percibir los temblores del universo a través de un instrumento óptico. Todo esto es posible gracias al fenómeno cuántico de la emisión estimulada, que permite que un haz de luz láser mantenga una coherencia tan perfecta como para detectar cómo vibra el espacio mismo.

En un mundo donde el láser corta, mide, graba o cura, LIGO nos recuerda que también puede escuchar lo invisible. Gracias al láser y al ingenio humano que supo llevar la teoría de Einstein al laboratorio, hemos empezado a oír cómo ruge el universo.

Conclusión: el alcance de una predicción

Al igual que tantas otras tecnologías que hoy asumimos como parte del paisaje, el láser se incorporó a nuestra vida sin estridencias. Pasó de ser una predicción teórica —casi un apéndice en una fórmula de equilibrio térmico— a un dispositivo ubicuo, presente en quirófanos, laboratorios, redes de comunicación y bolsillos. Su despliegue ha sido gradual, pero su impacto, profundo.

Detrás de cada puntero, cada lectura óptica y cada corte preciso, hay un fenómeno cuántico singular: la emisión estimulada. Un proceso que convierte la interacción entre luz y materia en un mecanismo controlado, capaz de generar haces coherentes con una precisión que ninguna fuente natural puede ofrecer.

Pero el verdadero alcance del láser se revela cuando se sale del terreno cotidiano y apunta al cosmos. Proyectos como LIGO muestran que esa misma coherencia que permite transmitir información a través de la fibra óptica, también puede usarse para detectar una perturbación en el espacio-tiempo provocada por la colisión de dos agujeros negros a más de mil millones de años luz.

Que una idea formulada por Einstein hace más de un siglo permita, hoy, oír cómo se deforma el tejido del universo es una muestra del poder de la física cuántica. No solo para construir tecnología, sino para ampliar nuestra percepción de lo real. Para ver, medir y, en este caso, escuchar lo que hasta hace poco era invisible.

El láser no es solo una solución técnica: es el eco tangible de una predicción teórica. Una línea de luz que conecta el núcleo de un átomo con la vastedad del cosmos.

13

DE LA ROTACIÓN TERRESTRE A LOS RELOJES ATÓMICOS: SACA EL GPS QUE ME HE PERDIDO

Una vez un buen amigo me dijo que «el tiempo es una cosa que le pasa a todo el mundo». Un tipo gracioso. Y no se equivocaba. El tiempo es algo universal que todas las personas, seres vivos y objetos inertes experimentan. Sabemos que avanza de forma inevitable porque lo usamos para ubicar los sucesos que han ocurrido o están por ocurrir. Siempre está presente, todas las personas lo tenemos, pero cada quien lo vive de forma distinta.

Precisamente por esa individualidad en la experiencia, se hizo necesario buscar formas de contar el tiempo que fueran válidas para todos, una especie de lenguaje común. Así, aunque yo sienta que llevo horas inmersa en mis pensamientos, al regresar al presente puedo saber si ya es hora de dormir o de ir a trabajar. A lo largo de la historia, las formas de medir el tiempo han sido, en muchos casos, verdaderamente ingeniosas.

Las primeras mediciones del tiempo se basaban en la observación de cuerpos celestes como el Sol, la Luna, las estrellas y los planetas. Civilizaciones antiguas empleaban fenómenos como los solsticios, las fases lunares o la posición de ciertas constelaciones para señalar momentos clave del año. En Oriente Próximo se desarrollaron calendarios basados en las estrellas, y los griegos usaban las fases de la Luna para organizar festivales y labores agrícolas. Cada cultura fue encontrando maneras de registrar ese carácter cíclico del tiempo.

Pero además de los ciclos largos, como los años o las estaciones, también se volvió necesario medir el paso del tiempo dentro de un mismo día. Para ello se crearon distintos instrumentos, cada uno con su propio ingenio. Los relojes de sol egipcios marcaban las horas con el desplazamiento de la sombra de un gnomon sobre una superficie graduada. Las clepsidras o relojes de agua usaban vasijas que liberaban líquido a velocidad constante, útiles incluso de noche, cuando los relojes solares no servían. También surgieron los relojes de arena, capaces de medir intervalos más breves mediante el flujo controlado de granos entre dos compartimentos, o las velas marcadas, que indicaban el paso del tiempo según el ritmo al que se consumía la cera.

Estos dispositivos tuvieron una larga vida, hasta que, a partir del siglo XIII, comenzaron a ser reemplazados por relojes mecánicos, que empleaban engranajes y campanadas para marcar las horas. Aunque en un principio eran imprecisos debido a factores externos, su diseño fue perfeccionándose hasta convertirse en el instrumento más común para medir el tiempo.

Más allá del método empleado, lo que siempre se ha buscado ha sido encontrar una referencia cuyo cambio o movimiento fuera constante y duradero. Las constelaciones regresaban al mismo lugar, el Sol seguía su recorrido diario, y el agua fluía con aparente regularidad.

Pero hoy sabemos que todas esas referencias «constantes» lo eran solo hasta cierto punto, y que su precisión era limitada. Aumentar la exactitud en la medición del tiempo se volvió crucial, especialmente para usarlo como base de otras medidas. Por eso, cuando se descubrió algo aún más estable y confiable que los astros, los líquidos o los engranajes se adoptó como nueva referencia para definir el tiempo futuro. Esa nueva regularidad era la que sucedía en el interior de un átomo de cesio.

Así, en 1967, se estableció que un segundo se definiría a partir de la vibración del átomo de cesio. Los relojes basados en este fenómeno prometían ser tan precisos que podrían mantenerse exactos durante millones de años. Si uno busca algo constante, longevo y fiable, difícilmente encontrará algo mejor.

Desde entonces, el tiempo pasó a definirse a través de fenómenos cuánticos, los mismos que describen la vibración regular y medible de un átomo. Y gracias a esa referencia, hemos ganado una precisión sin precedentes en la medición del tiempo, lo que nos ha permitido usarlo como una herramienta poderosa para comprender mejor el mundo que habitamos.

Pero surge una pregunta inevitable: si el tiempo siempre estuvo ahí, avanzando mucho antes de que conociéramos la mecánica cuántica, ¿cómo es posible que la física cuántica esté ahora implicada en su medición?

La respuesta no solo tiene que ver con cómo medimos el tiempo, sino con lo que entendemos por «tiempo» en sí mismo.

¿QUÉ TIENE QUE VER LA CUÁNTICA EN TODO ESTO?

A efectos prácticos, medir el tiempo consiste en contar las oscilaciones de algo que cambia de forma regular. Es decir, asumimos que algo oscila de manera regular, y al contar esas oscilaciones determinamos cuánto tiempo ha pasado. En el caso de los relojes atómicos, ese «algo» que oscila con estabilidad son las transiciones energéticas entre dos niveles hiperfinos del estado fundamental de un átomo, típicamente el del cesio-133. Estas transiciones generan una frecuencia extremadamente precisa que se utiliza como base para medir el tiempo.

Por eso, la conexión entre relojes atómicos y mecánica cuántica no es casual: estos dispositivos funcionan precisamente porque aprovechan fenómenos cuánticos para generar una señal extremadamente estable y medible.

En el caso del cesio-133, esa oscilación corresponde exactamente a 9 192 631 770 ciclos por segundo. No es una aproximación: ese número define, oficialmente, lo que es un segundo. Esa frecuencia tan precisa proviene de la radiación electromagnética que el átomo emite o absorbe cuando uno de sus electrones cambia de un nivel de energía a otro, al interactuar con microondas. Esta frecuencia es tan constante y reproducible que se ha adoptado para definir el segundo en el Sistema Internacional de Unidades.

La conexión entre la mecánica cuántica y este fenómeno radica, principalmente, en la cuantización de los niveles de energía. Si la energía no estuviera discretizada, no existirían dos niveles bien definidos; en su lugar, la energía del átomo se distribuiría de forma continua. Pero, gracias a esa estructura, un electrón puede localizarse intermitentemente en uno de esos dos estados, absorbiendo o emitiendo una cantidad precisa de energía correspondiente a la diferencia entre ellos. Y es justo ese cambio en el estado cuántico de los electrones lo que genera ciclos regulares, medibles y predecibles, que permiten cuantificar con precisión el tiempo transcurrido.

Pero ¿cómo se traduce todo esto a la práctica? ¿Qué aspecto tiene un reloj atómico, cómo detecta algo tan sutil como una transición cuántica, y qué lo hace más preciso que cualquier engranaje jamás construido? Abramos la caja del reloj atómico y veamos qué sucede ahí dentro.

¿Cómo funciona un reloj atómico?

Los relojes atómicos miden el tiempo utilizando transiciones energéticas en átomos, aprovechando la estabilidad y regularidad de las oscilaciones cuánticas. Para contar estas oscilaciones se requieren tres elementos clave: un átomo de referencia que oscile, una forma de estimularlo (normalmente mediante radiación de microondas), y un sistema de retroalimentación que ajuste la señal para que coincida exactamente con la frecuencia natural del átomo.

Aunque no es el único elemento empleado, el más habitual es el cesio-133. Este átomo presenta dos niveles hiperfinos dentro de su estado fundamental, como si esa energía mínima se dividiera en dos subniveles distintos. La transición entre ambos equivale a una frecuencia de 9 192 631 770 hercios. También se utilizan otros átomos, como el estroncio o el iterbio, especialmente en relojes ópticos, que operan a frecuencias mucho más altas.

El funcionamiento básico de un reloj de cesio comienza calentando el elemento hasta formar un gas. Luego, se utiliza un sistema de imanes para seleccionar solo los átomos que están en el nivel más bajo de energía y descartar los demás. Estos átomos atraviesan entonces una cavidad resonante, donde se exponen a microondas cuidadosamente ajustadas para coincidir con su frecuencia de transición hiperfina.

Si la frecuencia es la adecuada, los átomos absorben esa energía y saltan al nivel superior. Al salir de la cavidad, un segundo sistema magnético separa nuevamente los átomos según su estado energético, y los que han sido excitados se desvían hacia un detector. Allí, al regresar espontáneamente al nivel inferior, emiten fotones que son recogidos por un fotodetector.

Cuanta más luz se detecta, más átomos han completado la transición, lo que indica que la frecuencia del oscilador está perfectamente ajustada. Si la señal disminuye, el sistema corrige automáticamente la frecuencia. Este circuito de retroalimentación mantiene constante la frecuencia de 9 192 631 770 oscilaciones por segundo, definiendo así el segundo según el Sistema Internacional de Unidades.

En este contexto, el tic-tac no lo marca ningún engranaje ni péndulo, sino las oscilaciones de las microondas. Gracias a la estabilidad de las transiciones hiperfinas, los relojes de cesio pueden perder apenas un segundo cada trescientos millones de años.

A diferencia del láser, que requiere una inversión de población para favorecer la emisión estimulada, en los relojes atómicos se busca lo contrario: que la mayoría de los átomos estén en el estado fundamental. Solo así es posible estimularlos de forma eficiente, contar las transiciones y mantener un ritmo constante y medible.

También existen relojes atómicos basados en otros elementos, como el rubidio o el hidrógeno. Y, más recientemente, se están desarrollando los relojes ópticos, que utilizan transiciones cuánticas en el rango de la luz visible. Al operar con frecuencias aún mayores, permiten contar muchas más oscilaciones por segundo, lo que abre la puerta a mediciones de tiempo aún más precisas.

¿Cuándo, quiénes y cómo se descubrieron los relojes atómicos?

La idea de usar átomos para medir el tiempo surgió mucho antes de que fuera tecnológicamente posible. En 1945, el físico británico Isidor Rabi propuso que la técnica que había desarrollado quince años antes para estudiar transiciones de energía en átomos mediante campos magnéticos y microondas podría servir también como base para construir un reloj atómico.

Tres años más tarde, en 1948, el químico estadounidense Willard Libby construyó el primer reloj atómico utilizando las ideas de Rabi. Este primer dispositivo empleaba un MASER con moléculas de amoníaco y, aunque su precisión aún era menor que la de los relojes de cuarzo de la época, demostró que el concepto era viable y ofreció un punto de partida prometedor.

El verdadero salto llegó en 1955, cuando los físicos británicos Louis Essen y Jack Parry construyeron el primer reloj basado en la transición hiperfina del átomo de cesio-133. Se trataba de una mejora directa sobre las ideas de Rabi, con un nivel de estabilidad y exactitud sin precedentes. Tanto que, en 1967, el Sistema Internacional de Unidades redefinió el segundo a partir de este fenómeno atómico.

El interés de conocer el tiempo

Puede parecer excesivo tanto esfuerzo por medir mejor el paso del tiempo, pero en realidad la necesidad era urgente. Mejorar la exactitud temporal no solo es relevante hoy, también lo era a mediados del siglo xx. Durante siglos, los relojes se habían ido perfeccionando lentamente, pero en ese momento histórico, tanto la ciencia como la tecnología empezaban a exigir mucho más.

Por un lado, la física entraba en una nueva etapa. Las teorías relativistas y cuánticas requerían mediciones más finas para poder ser verificadas experimentalmente. Por otro, comenzaban a surgir nuevas aplicaciones tecnológicas —como las telecomunicaciones, la navegación por radar o los primeros satélites— que dependían de una sincronización extremadamente precisa. Los relojes mecánicos ya no eran suficientes.

En este contexto, la idea de medir el tiempo con átomos no solo resultaba elegante desde el punto de vista teórico, sino también altamente práctica. Los átomos son sistemas naturales que no se desgastan, no se oxidan, y no necesitan engranajes ni péndulos. Pero lo más atractivo es que todos los átomos de un mismo elemento son idénticos en cualquier lugar del universo, lo que los convertía en una excelente referencia universal.

El tiempo antes del cesio

Antes del reloj de cesio, la medida del tiempo se basaba en estándares astronómicos. Hasta 1956, el estándar era el tiempo solar medio. Un segundo se definía como la ochenta y seis mil cuatrocientosava parte de un día solar medio (es decir, 24 horas). El problema era que la rotación terrestre no es constante.

Se ralentiza por efectos como las mareas, la atracción lunar o el movimiento de las placas tectónicas. Incluso la descongelación del agua acumulada durante el invierno en forma de nieve o hielo en el hemisferio norte afecta a la velocidad de rotación, haciendo que esta varíe entre verano e invierno. Todo ello provocaba errores de hasta ±1 segundo por año.

En un intento por mejorar, en 1956 se redujo esta imprecisión a ±0,02 segundos anuales adoptando el tiempo de efemérides como nuevo estándar, basado en el movimiento orbital de la Tierra alrededor del Sol, concretamente en el año tropical de 1900. Así, el segundo pasó a definirse como la 31 556 925,9747-ava parte de ese año. Sin embargo, este estándar tenía como inconveniente que dependía de cálculos teóricos no replicables experimentalmente.

La situación cambió en 1955. El reloj de cesio demostró una estabilidad asombrosa y, en 1967, su frecuencia de transición hiperfina se adoptó oficialmente para definir el segundo. La precisión alcanzada era extraordinaria: un error de ±1 segundo cada 3,7 millones de años.

Desde entonces, los relojes atómicos no han dejado de evolucionar y, poco a poco, han ido desplazando a los relojes mecánicos y de cuarzo en aplicaciones críticas. Hoy son una herramienta esencial en campos como la geolocalización, la física fundamental o la astronomía de precisión. Sin ellos, experimentos como LIGO —donde se requiere una precisión del orden de attosegundos— simplemente no serían posibles.

¿QUÉ PUEDEN HACER LOS RELOJES ATÓMICOS POR MÍ?

Puede que, a simple vista, un reloj atómico parezca algo lejano, reservado para laboratorios y satélites. Pero lo cierto es que están profundamente integrados en muchas de las tecnologías modernas que usamos a diario y que requieren medir el tiempo con una precisión extrema. Aunque su uso más conocido está en la navegación y las telecomunicaciones, también son esenciales en la investigación científica de vanguardia.

Sistemas de navegación global por satélite (GNSS)

Los sistemas globales de navegación por satélite (GNSS, por sus siglas en inglés) son redes de satélites que permiten determinar con precisión la ubicación, velocidad y hora en cualquier punto del planeta. Cada satélite transmite señales de radio que son recibidas por dispositivos como teléfonos móviles o navegadores GPS. Estos receptores calculan su posición geográfica y la hora exacta en base a esas señales.

Actualmente, orbitan la Tierra múltiples constelaciones de satélites GNSS, a unos 20 000 kilómetros de altitud. Cada red está gestionada por distintos países: el sistema GPS, por ejemplo, pertenece a Estados Unidos y consta de entre 24 y 32 satélites; Galileo, gestionado por la Unión Europea, opera con 30; y Rusia controla los 24 satélites de GLONASS. Cada uno de estos satélites transmite constantemente su posición y la hora exacta en que envió la señal, sincronizada mediante su reloj atómico.

Para determinar su ubicación, un receptor necesita captar la señal de al menos cuatro satélites. Como estas señales viajan a la velocidad de la luz, el dispositivo puede calcular cuánto tardó en recibir cada una y estimar así su distancia respecto a cada satélite. Con esas distancias y empleando geometría —en concreto, trilateración—, el receptor determina su posición (latitud, longitud y altitud) y sincroniza su reloj con una precisión asombrosa

Todo esto funciona gracias a la capacidad de medir el tiempo con precisión de nanosegundos, es decir, una milmillonésima de segundo. Un error de tan solo un nanosegundo se traduce en una desviación de unos treinta centímetros. Sin relojes atómicos, localizar nuestra posición con el móvil sería una lotería.

Además, estos relojes deben corregir los efectos relativistas descritos por Einstein. Los satélites, al encontrarse en movimiento constante y en un entorno de menor gravedad, no viven el tiempo como lo hacemos nosotros en la superficie terrestre. Sus relojes tienden a adelantarse por la menor gravedad y a retrasarse por su alta velocidad orbital. El efecto combinado implica una corrección diaria de 38 microsegundos. Sin esa corrección, los errores en posicionamiento podrían alcanzar varios kilómetros en apenas unas horas.

Telecomunicaciones precisas

En el ámbito de las telecomunicaciones, los relojes atómicos son esenciales para garantizar la sincronización, la seguridad y la eficiencia de las señales. Las redes como internet o la telefonía móvil transmiten información en pequeños paquetes a velocidades altísimas. Para que estos paquetes lleguen en el orden correcto y sin errores, los dispositivos implicados —routers, servidores, estaciones base— deben estar perfectamente sincronizados, muchas veces con precisiones de nano o microsegundos. De lo contrario, pueden producirse interferencias, pérdidas de calidad o errores críticos.

Un ejemplo concreto de esta sincronización es el protocolo NTP (*Network Time Protocol*), que utilizan millones de dispositivos para ajustar sus relojes. Los servidores NTP emplean relojes atómicos como referencia para asegurarse de que todos los sistemas de una red compartan la misma hora exacta. Esta sincronía es fundamental para la seguridad digital y para transacciones financieras sensibles.

Tecnologías como la fibra óptica, las redes 5G o los enlaces satelitales también dependen de esta precisión. Estas redes utilizan técnicas de multiplexado para enviar múltiples señales por un mismo canal. Gracias a la exactitud temporal proporcionada por los relojes atómicos, se evita que los paquetes de datos se solapen o pierdan, permitiendo distinguir exactamente cuándo empieza y termina cada uno.

Investigación científica

Los relojes atómicos no solo sostienen tecnologías cotidianas, también son herramientas clave en la investigación científica. Su precisión ha hecho posible redefinir varias unidades del Sistema Internacional. Desde que el segundo se definió en 1967 a partir de la transición hiperfina del cesio-133, muchas otras unidades —como el hercio, el vatio, el julio o el culombio— se han vinculado a constantes fundamentales donde el tiempo juega un papel esencial.

Pero más allá de las definiciones, los relojes atómicos permiten poner a prueba las ideas más profundas de la física. En 1971, el físico americano Joseph C. Hafele y su compatriota el astrónomo Richard E. Keating realizaron un experimento pionero. Viajaron alrededor del mundo en aviones comerciales con cuatro relojes atómicos de cesio. Uno de los vuelos fue hacia el este (en la misma dirección que gira la Tierra) y otro hacia el oeste (en dirección contraria). Al comparar los relojes en movimiento con los que se mantuvieron en tierra, observaron diferencias coherentes con las predicciones de la relatividad. Los relojes del vuelo hacia el este perdieron 59 nanosegundos, mientras que los del vuelo hacia el oeste ganaron 273. Era la confirmación experimental de que el tiempo, tal como lo vivimos, depende del movimiento y la gravedad.

Otro ejemplo fascinante es el del observatorio LIGO, dedicado a la detección de ondas gravitacionales. Este sistema emplea dos interferómetros separados por 3 000 km y necesita que ambos estén sincronizados con una precisión extrema, del orden de nanosegundos. Cuando una onda gravitacional atraviesa la Tierra, estira y comprime el espacio-tiempo imperceptiblemente. Solo relojes atómicos, con estabilidad hasta el nivel de attosegundos (una trillonésima de segundo) pueden medir esos desajustes diminutos en el tiempo que tarda la luz en recorrer los 4 km de cada brazo del interferómetro.

Si ambos detectores registran la señal con un retardo coherente con la velocidad de la luz, se confirma que se ha captado una onda gravitacional real, no una perturbación local. Sin relojes atómicos, este tipo de experimentos no sería posible.

Conclusión: definir el tiempo para comprender el mundo

Decíamos al principio que el tiempo es una cosa que le pasa a todo el mundo. Una presencia constante que todos compartimos, aunque cada cual la viva a su manera. Para entenderlo y ponerlo en común, siempre hemos necesitado contar cosas: los pasos del Sol, el goteo del agua, el giro de las ruedas dentadas... Ahora contamos vibraciones dentro de un átomo. Y, en esencia, seguimos haciendo lo mismo, buscamos un ritmo fiable al que atar nuestros propios ritmos, una referencia compartida para orientarnos en el tiempo.

La idea de medir el tiempo ha acompañado a la humanidad desde sus inicios. Pero lo que antes hacíamos con la vista puesta en los cielos, hoy lo hacemos mirando hacia dentro, hacia la estructura más íntima de la materia. Es casi poético pensar que el tiempo, que durante siglos tratamos de capturar desde afuera, lo definimos ahora desde el interior de lo que siempre ha estado aquí: los electrones, la radiación y los átomos.

Los relojes atómicos marcaron un punto de inflexión en nuestra capacidad de medir, sincronizar y comprender. Al fijar una referencia estable y universal, nos han permitido no solo coordinar satélites y redes de datos, sino también adentrarnos con más precisión en los fundamentos de la física. Esa búsqueda de nos ha abierto nuevas preguntas, nuevas maneras de ver y nuevas herramientas para explorar.

Gracias a ellos, hemos aprendido a observar con más cuidado, a pensar con más fineza. Y ese aprendizaje ha alimentado un ciclo virtuoso entre experiencia y conocimiento. Cuanto más precisos somos al medir el mundo, más capacidad tenemos de entenderlo. Y cuanto más lo entendemos, mejor podemos volver a medirlo.

Quizá nunca lleguemos a saber qué es, en su fondo último, el tiempo. Pero mientras tanto, seguiremos buscándole forma, contando lo que vibra, lo que cambia, lo que vuelve. Porque en ese esfuerzo seguimos, poco a poco, conociendo mejor al universo que siempre nos acompaña.

14

EL EFECTO TÚNEL Y LA MICROSCOPÍA DE TÚNEL CUÁNTICO: DÓNDE ESTÁN LOS ÁTOMOS, QUE YO LOS VEA

Es muy probable que, en algún momento, hayas necesitado mover archivos digitales de un sitio a otro: documentos, fotos, canciones, vídeos. Y para eso, nada más práctico que una memoria flash: un USB, una tarjeta SD o incluso un disco duro de estado sólido. Puede que tu propio ordenador ya use uno de estos de forma habitual.

Lo que sí es seguro es que todos almacenamos y borramos fotos de nuestros teléfonos con una rapidez que, hace no tanto, habría parecido asombrosa. Antes, guardar o copiar un archivo no era tan inmediato. Grabar un CD con tus canciones favoritas o hacer una copia de un vídeo requería tiempo, paciencia y, a veces, varios intentos.

Pues bien, cada vez que grabamos o borramos datos en un *pendrive*, está ocurriendo un fenómeno cuántico que, cuando se descubrió, hubo quien consideró que debía ser un error teórico. Estamos hablando del efecto túnel.

De forma simplificada, podemos imaginar que el efecto túnel es como si una partícula lograra atravesar una colina sin necesidad de subirla y bajarla, sino haciendo un túnel directamente a través de ella. Como los túneles que cruzan las montañas en las carreteras. Con una gran diferencia, y es que la partícula no tiene suficiente energía ni siquiera para subir la cuesta. Así que, en principio, uno pensaría que si no puede escalar la colina, mucho menos podrá atravesarla... pero resulta que sí puede.

Lo asombroso es que algo tan cotidiano como guardar o eliminar datos de un USB funcione gracias a un fenómeno puramente cuántico. Pero aún más fascinante es que ese mismo efecto haga posible un microscopio capaz de ver átomos individuales. Porque el efecto túnel es el principio detrás de los microscopios de efecto túnel.

Recuerdo que, una vez, un profesor me dijo que hubo un momento en que llegó a convencerse de que jamás podríamos observar un átomo individual de forma directa. Que podríamos deducir su existencia midiendo sus efectos, pero verlo cara a cara, uno por uno, era impensable. No puedo imaginar cómo debe de sentirse al descubrir que, gracias a la microscopía de efecto túnel, no solo podemos ver los átomos, sino que también podemos manipularlos uno a uno y construir materiales a medida. Supongo que experimentó una mezcla de sorpresa, incredulidad y alegría al ver que lo que una vez creyó imposible se volvía real ante sus ojos.

El efecto túnel es uno de esos fenómenos cuánticos que, cuando se descubrió, generó dudas y desconcierto, pero que, una vez comprendido, permitió explicar otros procesos que la física clásica no lograba entender, como la desintegración alfa o la fusión nuclear en estrellas. Y abrió la puerta al desarrollo de tecnologías que nos permiten seguir explorando el mundo que nos rodea.

¿QUÉ TIENE QUE VER LA CUÁNTICA EN TODO ESTO?

El efecto túnel es una manifestación directa de los principios de la mecánica cuántica y no puede entenderse desde la física clásica. Ocurre cuando una partícula subatómica, como un electrón, consigue atravesar una barrera de potencial que, según las leyes clásicas, no debería poder superar por no poseer la energía mínima necesaria.

En física clásica, una partícula que se enfrenta a una barrera de potencial necesita una cantidad de energía mínima para poder superarla. Podemos imaginarlo como una pelota frente a una colina: solo si tiene suficiente energía cinética podrá subir la pendiente y llegar al otro lado. Si no la tiene, simplemente rebotará.

Sin embargo, en el mundo cuántico esta lógica deja de ser válida. La mecánica cuántica, al incorporar la dualidad onda-partícula de la materia, permite describir situaciones en las que una partícula tiene una probabilidad finita de atravesar una barrera, incluso sin contar con la energía suficiente para hacerlo, al menos desde el punto de vista clásico.

Este comportamiento se comprende al analizar la ecuación de Schrödinger aplicada al sistema. El resultado muestra que la función de onda no se anula completamente en la región de la barrera, lo que implica que existe una probabilidad, por pequeña que sea, de que la partícula aparezca al otro lado.

Cualquier intento de explicar este fenómeno sin recurrir a la mecánica cuántica llevará a conclusiones incompatibles con la observación experimental. Por ello, el efecto túnel es, sin lugar a duda, un fenómeno puramente cuántico.

¿En qué consiste el efecto túnel?

El efecto túnel es una de esas manifestaciones de la física cuántica que sorprenden y descolocan a partes iguales. Resulta que una partícula puede atravesar una barrera de energía sin tener, según los criterios clásicos, la energía necesaria para superarla. No se trata de una trampa matemática ni de un error en el modelo, se trata de un fenómeno real, observado y medido en múltiples sistemas físicos.

Para entenderlo, hay que recordar que la mecánica cuántica no describe las partículas como objetos con trayectorias bien definidas, sino como entidades asociadas a funciones de ondas. Estas funciones describen por completo la naturaleza y la partícula y, de forma útil, pueden interpretarse como la probabilidad de encontrarla en una terminada posición. Además, estas funciones evolucionan en el tiempo siguiendo la ecuación de Schrödinger.

Cuando una partícula se aproxima a una barrera de potencial, es decir, a una región donde se requiere más energía para continuar su camino, su función de onda no se anula de forma abrupta como sugeriría la física clásica. En lugar de eso, penetra en la barrera, aunque con una amplitud decreciente. Si la barrera no es demasiado ancha ni demasiado alta, una parte de la función de onda sobrevive al otro lado. Esto implica que existe una probabilidad, por pequeña que sea, de que la partícula aparezca allí, como si hubiera atravesado un túnel invisible.

Este efecto no significa que la partícula escale la barrera ni que la destruya; simplemente, su presencia no se reduce exactamente a un «todo o nada». La probabilidad de atravesar la barrera depende de la energía de la partícula, de la altura de la barrera y de su grosor. De hecho, se puede demostrar matemáticamente que la probabilidad de transmisión disminuye exponencialmente con el espesor de la barrera y con la diferencia entre la energía de la partícula y la altura de la misma.

Una imagen útil para visualizar este fenómeno es la de una onda de agua que choca con una presa. En condiciones clásicas, el agua no atraviesa la pared. Pero en la versión cuántica, la onda no se detiene por completo, sino que una pequeña parte de su oscilación se filtra al otro lado, como si existiera una puerta secreta e invisible por la que algunas gotas consiguen pasar. Esa fuga no es un error del modelo, sino una consecuencia directa de las reglas que rigen el mundo subatómico.

Este fenómeno ocurre constantemente en la naturaleza, especialmente en sistemas microscópicos donde las energías involucradas son comparables a las barreras de potencial presentes. Su existencia solo puede explicarse dentro de un marco que acepte que las partículas pueden comportarse también como ondas, que sus posiciones no estén definidas de forma exacta y que el resultado de cualquier experimento es, en última instancia, probabilístico.

¿Cuándo, quiénes y cómo se descubrió el efecto túnel?

La historia del efecto túnel está íntimamente ligada al intento de comprender la radiactividad. Su descubrimiento tuvo lugar a lo largo de la década de 1920, una de las etapas más fértiles para el desarrollo de la física cuántica. Como suele suceder en la ciencia, fue el resultado del trabajo colectivo de varias personas que, desde diferentes frentes, trataban de entender un mismo fenómeno, apoyándose en el conocimiento que se ramificaba rápidamente en distintas áreas de la física.

Hasta principios del siglo xx, la radiactividad era un fenómeno sin explicación dentro de los marcos teóricos de la física y la química existentes. La comunidad científica buscaba comprender su origen. Con el tiempo, se aceptó que era una propiedad atómica de la materia, lo que exigía desarrollar modelos atómicos capaces de integrarla. Sin embargo, todos los modelos propuestos hasta entonces fracasaban al explicar el mecanismo subyacente, y el entusiasmo por resolver el enigma iba decayendo ante la falta de nuevas ideas.

La mecánica cuántica como explicación de la radioactividad

Fue en este contexto cuando la física cuántica emergió como un nuevo marco conceptual capaz de abordar problemas que la física clásica no podía explicar. En 1928, el físico ruso George Gamow y, de forma paralela, los físicos británicos Ronald Gurney y Edward Condon demostraron que la mecánica cuántica ofrecía una explicación satisfactoria para la emisión de partículas alfa desde los núcleos atómicos.

Estas partículas alfa —núcleos de helio compuestos por dos protones y dos neutrones— se emiten en un tipo de desintegración radiactiva, que, según la física clásica, no debería ser posible. La barrera de energía creada por la fuerza nuclear es demasiado alta para que las partículas puedan escapar. Sin embargo, el fenómeno se observaba experimentalmente, y no tenía explicación.

Gamow aplicó la ecuación de Schrödinger al problema de la desintegración alfa, incorporando además la idea de la dualidad onda-corpúsculo propuesta por De Broglie. Sus cálculos mostraron que las partículas podían atravesar la barrera mediante el efecto túnel, explicando así las tasas observadas de desintegración. Gurney y Condon llegaron a conclusiones similares con un enfoque más sistemático, que ayudó a consolidar la interpretación del efecto túnel como una consecuencia natural del comportamiento ondulatorio de la materia.

Un año antes, en 1927, el físico alemán Friedrich Hund había observado teóricamente un fenómeno similar al estudiar la estructura de ciertas moléculas. Notó que las partículas podían pasar de un mínimo de energía a otro sin necesidad de superar el máximo intermedio, algo imposible desde el punto de vista clásico. Aunque su trabajo no se centraba en la radiactividad, fue uno de los primeros en mostrar el alcance del efecto túnel más allá del ámbito nuclear.

Ese mismo año, los físicos Ralph H. Fowler y Lothar Nordheim, británico y alemán, respectivamente, aplicaron la mecánica cuántica para describir la emisión de electrones desde un metal sometido a un campo eléctrico intenso. Descubrieron que los electrones podían tunelar fuera del metal a través de la barrera de potencial, algo prohibido en un modelo clásico. Propusieron un modelo que lleva sus nombres y que se convirtió en uno de los primeros cálculos precisos del efecto túnel aplicado a sistemas reales fuera del núcleo atómico.

Primeras confirmaciones experimentales: sutiles, pero inequívocas

La comprobación experimental del efecto túnel no fue inmediata. El fenómeno ocurre a escalas subatómicas y con probabilidades muy pequeñas. En ese sentido, los resultados teóricos de 1928 pueden considerarse como evidencias indirectas, ya que explicaban observaciones previas, como el escape de partículas alfa sin la energía suficiente según la física clásica.

La confirmación más clara y controlada llegó en 1958 gracias a la tecnología. Ese año, el físico japonés Leo Esaki desarrolló un dispositivo llamado diodo túnel, un componente electrónico basado en semiconductores que aprovecha el efecto túnel. A diferencia de un diodo convencional, donde los electrones deben tener energía suficiente para superar una barrera de potencial, en el diodo túnel la barrera es tan delgada que los electrones pueden atravesarla sin necesidad de esa energía, gracias a su naturaleza cuántica. Fue uno de los primeros experimentos en los que se midió el efecto túnel de manera precisa en un sistema controlado, y le valió a Esaki el Premio Nobel de Física en 1973.

La confirmación definitiva

Casi cincuenta años después de su formulación teórica, llegó una de las pruebas más visuales y directas: el microscopio de efecto túnel, desarrollado en 1981 por el físico alemán Gerd

Binnig y el físico suizo Heinrich Rohrer en los laboratorios de IBM en Zúrich, Suiza.

Binnig, un joven físico alemán experto en instrumentación, y Rohrer, su colega suizo especializado en física del estado sólido, buscaban una nueva forma de estudiar la estructura atómica de las superficies sin dañarlas, algo que las técnicas existentes —como la microscopía electrónica— no podían lograr con suficiente precisión. Inspirados por los avances en mecánica cuántica, razonaron que, si una punta metálica extremadamente afilada se acercaba a una superficie conductora a unas pocas distancias atómicas, los electrones podrían tunelizar entre la punta y la superficie al aplicar una pequeña diferencia de potencial. La corriente generada sería extremadamente sensible a la distancia entre la punta y los átomos, permitiendo detectar variaciones menores que el tamaño de un átomo.

En 1981 construyeron el primer microscopio de efecto túnel funcional y, por primera vez en la historia, se pudieron observar átomos individuales de forma directa. Además de permitir su visualización, esta tecnología hizo posible medir la topografía de materiales conductores con resolución subnanométrica, y sentó las bases de la nanotecnología moderna.

La invención del microscopio de efecto túnel revolucionó el estudio de la materia a escala atómica. En reconocimiento a su trabajo, Binnig y Rohrer recibieron el Premio Nobel de Física en 1986, junto a Ernst Ruska, inventor del microscopio electrónico. Poco después, Binnig desarrollaría también el microscopio de fuerza atómica, que permite analizar materiales no conductores con la misma precisión.

Hoy en día, el efecto túnel es un fenómeno ampliamente estudiado y comprendido, y ha sido clave en el desarrollo de tecnologías que ya forman parte de nuestra vida cotidiana, desde memorias flash hasta dispositivos electrónicos de alta velocidad, pasando por herramientas fundamentales en la investigación científica moderna.

¿QUÉ PUEDE HACER EL EFECTO TÚNEL POR MÍ?

Como has visto, el efecto túnel es un fenómeno cuántico que ha abierto la puerta a tecnologías que, aunque comenzaron como desarrollos incipientes, hoy forman parte esencial de nuestra exploración del mundo a escala atómica. El microscopio de efecto túnel fue una de las primeras herramientas en aprovechar directamente este fenómeno, permitiendo por primera vez observar átomos. Y aunque su invención data de hace décadas, sigue siendo fundamental en campos como la microelectrónica, la nanotecnología, la biomedicina, la química industrial o la nanolitografía, entre otros.

Cómo funciona un microscopio de efecto túnel

Este microscopio permite visualizar y manipular átomos individuales sobre una superficie. Curiosamente, su nombre en inglés incluye la palabra *scanning* (escaneo) en lugar de *microscope*, y quizá sea más apropiado, ya que su funcionamiento recuerda más a una lectura en braille: una superficie se recorre línea por línea con una punta extremadamente sensible.

El principio es sencillo, aunque su ejecución requiere una precisión extrema. El instrumento utiliza una punta conductora muy afilada, a menudo terminada en un solo átomo, que se sitúa a unos pocos ángstroms de la superficie de una muestra conductora. Al aplicar una diferencia de potencial entre la punta y la muestra, algunos electrones logran atravesar la barrera de vacío entre ambas por efecto túnel. Esta corriente, minúscula pero medible, es extremadamente sensible a la distancia entre la punta y la superficie, lo que permite detectar cambios ínfimos en el relieve atómico del material.

Si se mantiene constante la corriente de túnel, la altura de la punta debe ajustarse constantemente al escanear la superficie. Esas variaciones se traducen en una imagen topográfica del material. Alternativamente, si la altura se mantiene fija, las fluctuaciones en la corriente permiten inferir propiedades electrónicas locales.

Con una resolución lateral de 0,1 nanómetros y vertical de 0,01 nanómetros, el microscopio por efecto túnel no solo permite visualizar átomos individuales, sino también manipularlos mediante pulsos de voltaje controlados. Esto ha sido clave para el desarrollo de la nanotecnología moderna.

El efecto túnel en memorias digitales

Pero el efecto túnel no se queda en los laboratorios. También está presente en dispositivos cotidianos que usamos a diario, aunque pocas veces pensemos en ellos como tecnología cuántica. Un ejemplo claro son las memorias flash: *pendrives*, discos duros de estado sólido o tarjetas SD, que almacenan información sin necesidad de una fuente de energía constante. Todo gracias a la tunelización cuántica.

En el núcleo de estas memorias se encuentran unos transistores especiales llamados *transistores de puerta flotante*. En su interior, una puerta flotante queda aislada eléctricamente por una finísima capa de óxido. Al aplicar un voltaje alto, los electrones adquieren la energía suficiente para atravesar esta barrera por efecto túnel y quedan atrapados en la puerta flotante. Su presencia o ausencia altera la conductividad del transistor, representando así los bits de información: un «1» si hay electrones presentes, un «0» si no los hay.

Escribir datos implica hacer que los electrones tunelen hacia la puerta flotante. Borrar datos requiere invertir la polaridad del voltaje, de modo que los electrones atraviesen de nuevo la barrera en sentido contrario y escapen. Todo a este proceso ocurre sin partes móviles ni gasto constante de energía, lo que hace a las memorias flash tan eficientes y versátiles.

Ahora bien, esta tecnología no es eterna. Con el tiempo, la capa de óxido puede degradarse, limitando el número de ciclos de escritura y borrado que cada celda puede soportar antes de volverse inestable. Aunque no hay motivo para alarmarse, ya que una celda típica puede soportar entre 1 000 y 100 000 ciclos. Además, estos dispositivos incorporan técnicas de gestión de desgaste, algoritmos de corrección de errores y otras estrategias para preservar la integridad de los datos y repartir el uso de forma equilibrada.

Así que, si algún día tu memoria empieza a olvidar cosas importantes, no te preocupes: no es culpa tuya. Solo es física cuántica… y el paso del tiempo.

Lo fascinante del efecto túnel es que une dos extremos que a menudo percibimos como inconexos: la escala subatómica y nuestra vida cotidiana. Desde los laboratorios más avanzados hasta los dispositivos que usamos a diario, este fenómeno cuántico actúa silenciosamente, haciendo posibles tecnologías que ni siquiera imaginaríamos sin él. Es un recordatorio de que, en el corazón de cada avance tecnológico, late una pregunta fundamental sobre la naturaleza de la realidad. Y a veces, la respuesta llega atravesando barreras que creíamos infranqueables.

Conclusión: lo esencial era invisible a los ojos

Cuando abrimos un archivo en una memoria USB o borramos una foto del teléfono sin pensarlo dos veces, difícilmente imaginamos que en el corazón de ese gesto cotidiano hay un fenómeno cuántico que durante décadas resultó desconcertante. El efecto túnel, que hoy nos parece una herramienta tecnológica más, fue en su día una predicción teórica que muchos científicos consideraron imposible. Pero como tantas veces ocurre en la historia de la ciencia, lo imposible terminó por hacerse visible.

Hoy somos capaces de observar átomos individuales, incluso manipularlos uno a uno. Algo que en su momento se creyó fuera del alcance de la ciencia es ahora una realidad tangible. Esa capacidad de mirar lo invisible no solo transforma nuestra comprensión del mundo, sino que alimenta nuestra curiosidad y nuestra voluntad de seguir preguntando.

Cada avance como este nos recuerda que la frontera del conocimiento no es un muro, sino una puerta. Y que, a veces, atravesarla no requiere más energía, sino una nueva manera de mirar. La mecánica cuántica no ha respondido todas nuestras preguntas, pero ha demostrado que, incluso en los rincones más improbables del universo, hay caminos inesperados por los que las respuestas pueden abrirse paso. Como en el efecto túnel, basta con que exista una pequeña probabilidad... para que lo extraordinario se vuelva real.

Prototipos del futuro

Hasta aquí hemos recorrido un paisaje familiar, aunque sorprendente: tecnologías cuánticas que forman parte de nuestro día a día, aunque rara vez pensemos en ellas como tales. Desde la resonancia magnética hasta el GPS, pasando por los transistores y los láseres, hemos visto cómo fenómenos cuánticos fundamentales se han ido integrando, casi en silencio, en los objetos que nos rodean.

Pero hay otra parte de esta historia que apenas está comenzando. En las últimas décadas, la física cuántica ha dejado de ser solo una herramienta para explicar y optimizar dispositivos clásicos, y se ha convertido en el núcleo mismo de una nueva generación de tecnologías. No se trata ya de aplicar principios cuánticos de manera indirecta, sino de manipular activamente estados cuánticos individuales, con todas sus peculiaridades: la superposición, el entrelazamiento, la coherencia cuántica.

Estas tecnologías emergentes —que solemos agrupar bajo el nombre de *tecnologías cuánticas de segunda generación*— están aún en desarrollo, pero ya comienzan a mostrar su potencial. Algunas de sus aplicaciones más prometedoras se encuentran en campos como la sensórica, la metrología, la comunicación cuántica, la criptografía o la computación. También están surgiendo nuevas líneas de investigación que combinan la física cuántica con la biología, la óptica o la teoría de la información.

Este nuevo capítulo en la historia cuántica se escribe en colaboración entre científicos, ingenieros, centros de investigación, gobiernos y empresas. Y aunque muchas de estas tecnologías aún no han alcanzado su madurez, sus primeros efectos ya se dejan sentir, desde los relojes ópticos que redefinen nuestras unidades de medida hasta los sensores cuánticos que prometen revolucionar la medicina y la geolocalización.

No vamos a detenernos en todas ellas con el mismo nivel de detalle que en los capítulos anteriores. La mayoría todavía está en fase experimental, y los avances se suceden con tal rapidez que cualquier descripción quedaría obsoleta en cuestión de meses. Pero sí exploraremos cuatro de las áreas más representativas, no por completismo, sino porque ya han empezado a interactuar con nuestra realidad. A veces de forma visible; otras, como suele ocurrir con lo cuántico, de forma más sutil.

Vamos a ver qué ocurre cuando, en lugar de esconder la mecánica cuántica dentro de una caja, decidimos trabajar con ella directamente.

CUARTA PARTE

MEJORANDO LO PRESENTE: TECNOLOGÍAS QUE VENDRÁN

15

SENSÓRICA CUÁNTICA:
ESCUCHANDO A LAS CÉLULAS

TRANSFORMANDO DEBILIDADES EN FORTALEZAS

Los sistemas cuánticos son, por naturaleza, extremadamente sensibles a su entorno. Mantenerlos en un estado concreto exige un control meticuloso de factores como la temperatura, el movimiento o el ruido. Durante años, esta fragilidad se vio como un obstáculo. Pero ¿y si, en lugar de protegerlos del entorno, los sumergimos en él? ¿Y si aprovechamos esa misma sensibilidad para detectar las perturbaciones más sutiles? Eso es, precisamente, lo que propone la sensórica cuántica.

Esta disciplina utiliza partículas como átomos, fotones o electrones para medir con una precisión que sobrepasa con mucho a la de los sensores clásicos. Como estos, responde a cambios en el entorno. Pero lo hace desde un nivel de sensibilidad que permite captar señales imposibles de registrar por medios convencionales. Podemos imaginar estos sensores como diminutas antenas cuánticas, capaces de registrar hasta el más leve susurro del entorno.

Para lograrlo, se apoyan en propiedades como la superposición, el entrelazamiento y la coherencia cuántica. Gracias a estos fenómenos, pueden detectar variaciones casi imperceptibles en campos magnéticos, gravitacionales, temperaturas, aceleraciones o incluso en el propio paso del tiempo.

Hoy, la sensórica cuántica empieza a dejar su huella en campos tan distintos como la medicina, la navegación o la geofísica. Y es, sin duda, una de las tecnologías cuánticas de segunda generación con mayor proyección.

Aprovechando la superposición, el entrelazamiento y la coherencia cuántica a nuestro favor

Los sensores cuánticos funcionan gracias a fenómenos que, desde nuestra intuición clásica, parecen imposibles. La superposición, por ejemplo, permite que una partícula exista en varios estados a la vez. Al preparar un sistema en este tipo de estados superpuestos y exponerlo a una magnitud física externa, como un campo magnético, se generan interferencias que contienen información precisa sobre esa magnitud. La medida no interrumpe el sistema: revela lo que ha cambiado en él.

El entrelazamiento, por su parte, establece una conexión profunda entre partículas que, una vez correlacionadas, permanecen vinculadas sin importar la distancia. Lo que le ocurre a una afecta instantáneamente a la otra. Esta propiedad permite a los sensores cuánticos superar límites que parecían insalvables. Por ejemplo, en sensores optomecánicos que detectan fuerzas a través del movimiento de elementos mecánicos, se ha demostrado que al entrelazar la luz que realiza la medición, la sensibilidad mejora hasta un 25 % respecto al uso de luz no entrelazada. Esto abre posibilidades reales en campos como la imagen acústica, la navegación sin señales externas o, incluso, en la búsqueda de nueva física.

Todo esto sería inútil sin otro ingrediente clave: la coherencia cuántica. Se trata de la capacidad de un sistema para conservar su estado cuántico el tiempo suficiente como para poder hacer una medición útil. Dependiendo del tipo de sensor, esta coherencia dura más o menos, pero también existen técnicas específicas para extenderla, alargando así la ventana de tiempo en la que el sistema puede escuchar con precisión.

Lo que hace cuántico a un sensor

Un sensor, en esencia, es un dispositivo que reacciona a su entorno. Detecta una magnitud física o química y la convierte en una señal que puede interpretarse, es decir, una medida. El principio es sencillo. Por ejemplo, un termómetro de mercurio se basa en la dilatación del líquido con la temperatura, ya que al calentarse, el mercurio se expande, y esa expansión se convierte en una lectura.

Los sensores cuánticos hacen lo mismo, pero desde otra escala. En lugar de materiales macroscópicos, utilizan átomos, fotones o electrones. Son estos sistemas cuánticos los que reaccionan ante cambios minúsculos en magnitudes como campos magnéticos, eléctricos o gravitatorios, o incluso en temperatura. Para ello, se apoyan en propiedades cuánticas como la superposición, el entrelazamiento o la coherencia cuántica.

La diferencia fundamental con los sensores clásicos está en la sensibilidad. Los sensores cuánticos pueden registrar señales tan débiles que quedarían completamente fuera del alcance de cualquier tecnología convencional. Además, muchos de ellos pueden fabricarse en tamaños mucho menores, lo que facilita su integración en dispositivos ya existentes. Esa combinación —alta sensibilidad y miniaturización— los convierte en herramientas especialmente atractivas para las tecnologías del presente y del futuro.

Magnetismo en miniatura

Existen distintos tipos de sensores cuánticos, y su uso depende de qué se desea medir. Algunos están diseñados para detectar campos magnéticos extremadamente débiles, como los que generan células o neuronas individuales. Otros actúan como giroscopios atómicos, capaces de registrar rotaciones minúsculas, esenciales para la navegación de alta precisión o la exploración espacial. También existen gravímetros cuánticos, que permiten detectar pequeñas variaciones en el campo gravitatorio terrestre, útiles en geología o en la monitorización de movimientos del subsuelo.

Entre todas estas aplicaciones, una de las más desarrolladas es la magnetometría cuántica: la detección precisa de campos magnéticos muy débiles. Esto resulta especialmente prometedor en el ámbito biomédico. En el interior de células y proteínas, tienen lugar procesos bioeléctricos y bioquímicos que generan corrientes. Y donde hay corriente, hay campo magnético. Por ejemplo, cuando una célula transporta iones —sodio, potasio, calcio— a través de su membrana, se produce una corriente eléctrica. Lo mismo ocurre con las neuronas cuando transmiten señales mediante potenciales de acción. Aunque estos campos magnéticos son increíblemente tenues, los sensores cuánticos son capaces de detectarlos. Así, lo que antes era invisible empieza a volverse mensurable.

Centros de nitrógeno-vacante: una joya de la física cuántica

Entre los sensores cuánticos más versátiles y prometedores se encuentran los centros de nitrógeno-vacante o centros NV. Se trata de defectos puntuales introducidos de forma controlada en la estructura cristalina del diamante, que presentan propiedades cuánticas especialmente útiles para detectar campos magnéticos con una sensibilidad extrema.

Que se les llame «defectos» no significa que estén mal hechos, sino todo lo contrario. El término se usa porque alteran la estructura perfecta del cristal original, del mismo modo que ocurre con el dopado en semiconductores: se modifica el material de forma intencionada para obtener nuevas propiedades.

En este caso, el diamante —que puede sintetizarse en laboratorio— está formado por una red regular de átomos de carbono. Para crear un centro NV, se eliminan dos átomos adyacentes: uno se reemplaza por nitrógeno y el otro se deja vacío. Esa combinación crea un entorno electrónico peculiar que encierra propiedades cuánticas muy valiosas.

Cuando el centro NV adquiere un electrón adicional, se lo denomina NV. Son estos electrones confinados los que le otorgan su comportamiento magnético y cuántico. Su espín —una propiedad que actúa como un pequeño imán cuántico— puede manipularse mediante microondas y leerse ópticamente con luz visible. Si se ilumina con un láser verde, la fluorescencia roja que emite nos revela en qué estado cuántico se encuentra.

En la mayoría de los sistemas cuánticos, este tipo de lectura solo es posible bajo condiciones extremadamente controladas, como temperaturas cercanas al cero absoluto, ausencia de vibraciones, ambientes aislados. Sin embargo, los centros NV son una excepción notable. Mantienen una coherencia cuántica elevada incluso a temperatura ambiente, lo que los hace mucho más accesibles para aplicaciones prácticas.

Además, son ópticamente activos, es decir, absorben y emiten luz en el espectro visible. Esa fluorescencia no solo los hace medibles, sino también fáciles de integrar en microscopía avanzada. Y lo más sorprendente: su sensibilidad magnética es tal que pueden detectar campos del orden de nano o incluso femtoteslas. Por eso se han convertido en una herramienta de referencia para la magnetometría de altísima resolución.

Cómo escucha un diamante

El funcionamiento de los centros NV se basa en la interacción del espín con campos externos, un principio que recuerda mucho al de la resonancia magnética nuclear. De hecho, muchas de las técnicas que hoy se aplican en estos sensores derivan directamente de décadas de investigación en ese campo.

El espín es una propiedad cuántica fundamental que actúa como un diminuto imán. Cuando se encuentra en presencia de un campo magnético, ese espín no permanece estático: precesiona, es decir, gira en torno a la dirección del campo, describiendo una especie de cono. Cuanto más fuerte es el campo, mayor es la frecuencia de ese giro. Este movimiento genera una señal que, en sistemas bien diseñados, puede detectarse con gran precisión. La clave está en que esta señal varía si el campo cambia, por lo que al observar la evolución del espín, podemos deducir tanto la intensidad como la orientación del campo que lo afecta.

Este principio, que recuerda a la resonancia magnética nuclear, es la base de muchas técnicas de detección cuántica. Pero los centros NV lo llevan más allá: permiten leer el estado del espín a través de la luz. Si se ilumina con un láser verde, su respuesta en forma de fluorescencia roja nos dice en qué estado cuántico se encuentra, y por tanto qué ha sentido.

El proceso típico de medición se divide en tres fases: inicialización, manipulación y detección. Todo comienza con la inicialización. Igual que en resonancia magnética nuclear se alinean los espines de los átomos de hidrógeno en el cuerpo humano, en el caso de los NV buscamos llevar el espín a su estado de menor energía. Para lograrlo, se ilumina el diamante con un láser verde. Esta luz hace que, sin importar su estado previo, el espín «caiga» de forma controlada a un estado fundamental conocido. Es el punto de partida, necesario para poder detectar cualquier cambio posterior.

Luego viene la manipulación, que es la etapa más flexible del proceso. Consiste en aplicar pulsos de radiación electro-magnética —generalmente microondas— con una frecuencia precisa, correspondiente a la separación energética entre los niveles cuánticos del NV. En algunos experimentos, lo que se manipula no es tanto el NV como la muestra que lo rodea, de manera que el NV actúa como testigo pasivo, atento a cualquier variación. Es como si el diamante escuchara lo que ocurre a su alrededor, guardara esa información y luego nos la entregara con precisión.

Por último, está la detección. Se vuelve a iluminar el NV con el mismo láser verde, y se mide la cantidad de luz roja (fluo-rescencia) que emite. Esa intensidad depende directamente del estado del espín y, por tanto, del campo magnético que haya sentido. Así, leyendo la luz, leemos el campo.

Este procedimiento puede realizarse con un único centro NV o con una red de varios. Cada configuración tiene sus ven-tajas, dependiendo de la aplicación concreta.

UN OÍDO EN EL NANOMUNDO

Gracias a su sensibilidad extrema, los centros NV se han con-vertido en herramientas esenciales para estudiar fenómenos biológicos a escala nanométrica. Permiten detectar los campos magnéticos generados por células, neuronas o incluso proteí-nas individuales. También se emplean en termometría cuán-tica, capaces de registrar variaciones locales de temperatura con una resolución espacial altísima, útil tanto en biología ce-lular como en electrónica de alta densidad. Y su alta coheren-cia, incluso a temperatura ambiente, los convierte en candida-tos naturales para actuar como memorias cuánticas. Un paso pequeño, pero decisivo, hacia arquitecturas de computación cuántica más robustas.

Entre los logros más recientes destaca la microscopía magnética cuántica, que ha permitido obtener imágenes de campos magnéticos generados por neuronas individuales con una resolución sin precedentes. También se ha conseguido medir el espín de electrones individuales a temperatura ambiente, lo que abre la puerta a sensores prácticos con aplicaciones comerciales.

En termometría, los NV han logrado detectar variaciones de apenas unas milésimas de grado, con una resolución inferior a los 100 nanómetros. Se han medido señales magnéticas del orden del femtotesla, lo que ha permitido avances antes impensables en neurociencia, química y física fundamental. Incluso se ha observado y manipulado directamente el entrelazamiento entre electrones y núcleos atómicos individuales, sin necesidad de condiciones criogénicas extremas.

Pero el camino no está libre de desafíos. Uno de los principales es extender la coherencia cuántica para permitir experimentos más largos, o adaptar los sensores a entornos donde los campos magnéticos son más intensos. En paralelo, se trabaja en su integración en tecnologías biomédicas, como la imagen médica, o en dispositivos portátiles avanzados. Su capacidad para operar a temperatura ambiente los convierte en una herramienta única para acercar la física cuántica al uso cotidiano.

Por supuesto, los centros NV no están solos. Existen otros sensores basados en defectos, como los del carburo de silicio (SiC), y otros sistemas cuánticos en desarrollo. La investigación en este campo avanza a tal velocidad que lo más sensato es mantenerse atento: cada año trae nuevos resultados y nuevas ideas y formas de escuchar lo invisible.

OTRO MODO DE ESCUCHAR: ÁTOMOS AL AIRE

Además de los centros NV, otros sensores cuánticos están comenzando a demostrar su utilidad práctica. Un buen ejemplo son las células de vapor atómico: pequeños contenedores sellados que albergan átomos en estado gaseoso, como rubidio o cesio. Estos átomos, al interactuar con campos magnéticos externos, modifican su respuesta óptica de un modo que puede medirse con gran precisión, incluso a temperatura ambiente.

Aunque funcionan de forma distinta a los centros NV —no se apoyan en defectos en un sólido, sino en átomos libres en gas—, comparten con ellos la capacidad de detectar campos magnéticos débiles con una sensibilidad notable. Algunas versiones, llamadas magnetómetros de vapor, ya se utilizan en neurociencia para registrar la actividad cerebral sin necesidad de criogenia, o como componentes clave en relojes atómicos portátiles, donde la estabilidad del átomo gaseoso se convierte en un marcador fiable del paso del tiempo.

La ventaja de estas células de vapor es su simplicidad relativa y su capacidad para miniaturizarse sin perder precisión, lo que las convierte en candidatas idóneas para aplicaciones biomédicas, dispositivos portátiles o tecnologías de navegación en entornos donde el GPS no está disponible.

ESCUCHANDO BAJITO

Una de las ironías más sutiles de la física cuántica es que aquello que la hace tan difícil de controlar —su fragilidad, su sensibilidad al entorno— sea también lo que nos permite escuchar lo invisible. Gracias a la sensórica cuántica, hoy podemos detectar el susurro de un espín, el latido de una proteína o el campo magnético de una neurona solitaria. Es como si la materia, a través de estos sistemas tan refinados, nos hablara desde dentro.

Estos sensores no solo amplían nuestras capacidades de medición, también transforman la forma en que nos relacionamos con lo diminuto. Ya no es necesario alterar un sistema para conocerlo. Basta con observarlo con la atención suficiente.

Pero la sensórica es solo el principio. Si saber con precisión dónde estamos es asombroso, más lo es aún medir con exactitud cuánto dura un segundo, proteger lo que comunicamos o procesar información desde las reglas más profundas de la naturaleza. Las tecnologías que vienen también tienen corazón cuántico, y cada vez laten más cerca de nuestra vida cotidiana.

16

METROLOGÍA CUÁNTICA: DESCIFRANDO LAS CONSTANTES UNIVERSALES

A menudo, damos por sentadas las medidas. Asumimos que un segundo dura siempre lo mismo, que un kilogramo es un kilogramo en cualquier parte del mundo, o que un voltímetro nos dice la verdad sin margen de duda. Pero detrás de cada una de esas afirmaciones se esconde una disciplina rigurosa y silenciosa: la metrología.

La metrología es la ciencia de las mediciones y sus aplicaciones. Abarca tanto los aspectos teóricos como los prácticos relacionados con la determinación de cualquier magnitud física o química. Tan importante como el valor de la medida es la incertidumbre asociada, ya sea por las limitaciones del instrumento utilizado o por la propia naturaleza del proceso de medición.

En muchas situaciones, la precisión de una medida puede ser decisiva, y por eso es fundamental conocer el margen de error que la acompaña. La metrología es, en este sentido, una ciencia discreta pero esencial, presente en cada rincón del conocimiento científico y tecnológico.

Mejorando precisión y sensibilidad

Donde la metrología clásica encuentra sus límites, la cuántica ofrece nuevas herramientas. Las propiedades no clásicas de los sistemas cuánticos permiten redefinir no solo cómo medimos, sino incluso qué es medible. La metrología cuántica nace como una extensión de la metrología tradicional, pero con una ambición mayor: aprovechar las propiedades singulares de los sistemas cuánticos para superar los límites impuestos por los métodos clásicos.

Mientras que la metrología convencional está restringida por el principio de incertidumbre, la cuántica se apoya en fenómenos como la superposición, el entrelazamiento y la interferencia para mejorar la sensibilidad de las mediciones. Estos recursos permiten reducir el ruido cuántico durante el proceso de medida y obtener resultados con una precisión que, de otro modo, sería inalcanzable.

Un buen ejemplo de ello es el experimento LIGO, del que ya hemos hablado anteriormente. En este caso, la precisión es clave, ya que las perturbaciones provocadas por las ondas gravitacionales son extremadamente pequeñas. Para alcanzar la sensibilidad necesaria, se emplea luz comprimida —luz en un estado cuántico no clásico— que permite redistribuir las fluctuaciones inherentes a la naturaleza cuántica de la luz. De este modo, se reduce el ruido en la señal buscada y se mejora la sensibilidad del detector más allá de los límites impuestos por la óptica clásica.

Otro ejemplo, esta vez en un contexto completamente distinto, es el de los centros NV empleados en sensórica cuántica. Esta tecnología, basada en la manipulación de espines individuales mediante luz, permite medir campos magnéticos con una resolución nanométrica. Su capacidad para detectar variaciones extremadamente pequeñas lo convierte en una herramienta poderosa en campos como la biología, la geofísica o el desarrollo de nuevos materiales.

Más allá de los logros experimentales, la metrología cuántica cuenta con una base teórica sólida y exigente. No se limita a diseñar sistemas que midan con mayor precisión, sino que también estudia, desde un punto de vista formal, cuáles son los límites fundamentales en la estimación de parámetros físicos y cómo aproximarse a ellos. Este análisis, que a menudo se apoya en herramientas de la teoría de la información cuántica, plantea retos conceptuales y matemáticos considerables, y es esencial para guiar tanto el diseño experimental como la interpretación de los resultados.

La importancia de una medida confiable y reproducible

Además de buscar la máxima precisión, la metrología —tanto clásica como cuántica— tiene la responsabilidad de asegurar que las mediciones sean comparables en cualquier lugar del mundo. No basta con medir bien: una medida solo cobra sentido si puede repetirse en otros laboratorios y ofrecer resultados consistentes.

Sería un problema serio que la longitud de un metro dependiera del país donde se mida, o que un kilogramo no signifique lo mismo en distintos laboratorios. Esa coherencia es la que permite que la ciencia avance, que la industria funcione y que la tecnología sea interoperable a escala global. La metrología se encarga, precisamente, de mantener esa base común sobre la que se construye todo lo demás.

Sistema internacional, unidades básicas y constantes universales

Para mantener esa coherencia global en las mediciones, el Sistema Internacional de Unidades (SI, por sus siglas) define una serie de magnitudes físicas fundamentales, cada una asociada a una unidad básica. Son siete: el metro, el kilogramo, el segundo, el kelvin, el amperio, el mol y la candela. Estas unidades permiten medir, respectivamente, la longitud, la masa, el tiempo, la temperatura termodinámica, la corriente eléctrica, la cantidad de sustancia y la intensidad luminosa. Cualquier otra unidad, como el newton o el julio, se considera derivada de estas siete.

Hasta 1960, las definiciones del SI se basaban en patrones materiales o en fenómenos naturales específicos. En concreto, el metro se definía como la distancia entre dos marcas grabadas en una barra de platino-iridio conservada en París. El kilogramo correspondía a la masa de un cilindro de la misma aleación, también almacenado en París. El segundo era una fracción del día solar medio, determinada por la rotación de la Tierra. El amperio se definía en función de la fuerza ejercida entre dos conductores paralelos, hipotéticamente infinitos, por los que circulaba una corriente constante. El kelvin se establecía a partir del punto triple del agua, fijado exactamente en 273,16 kelvin. Y la candela se basaba en la emisión luminosa de un cuerpo negro a la temperatura de solidificación del platino, bajo condiciones de presión estándar.

Aunque estos métodos fueron útiles en su momento, presentaban limitaciones importantes. Los objetos materiales están sujetos a variaciones por factores ambientales como la temperatura, la presión o la humedad. Eso implica, por ejemplo, que la longitud de un metro podía fluctuar a lo largo del año. Lo mismo ocurría con el resto de patrones físicos, dependían de condiciones que no podían controlarse con absoluta estabilidad.

Abriendo el camino hacia unas medidas más confiables

Para superar las limitaciones de los patrones materiales, se inició progresivamente una transición hacia definiciones basadas en constantes físicas universales. Estas constantes, inherentes al propio tejido del universo, pueden medirse con gran exactitud y tienen una ventaja decisiva, que permanecen invariables en el tiempo y en cualquier lugar del espacio.

El primer gran cambio afectó a la unidad de longitud. En 1960, con la adopción oficial del SI, el metro se redefinió como la longitud correspondiente a un número fijo de longitudes de onda de una radiación específica del criptón-86. Por primera vez, una unidad fundamental se desligaba de un objeto físico y se anclaba a una propiedad inmutable de la naturaleza.

Pocos años después, en 1967, se redefinió también la unidad de tiempo. El segundo pasó a basarse en la frecuencia de transición entre dos niveles del estado fundamental del átomo de cesio-133, como ya comentamos anteriormente. Esta nueva definición evitaba los problemas derivados de la rotación irregular de la Tierra, que está sujeta a variaciones por efectos atmosféricos, gravitacionales y geológicos.

El caso del metro no quedó cerrado en 1960. En 1983 se adoptó una nueva redefinición, esta vez vinculada a la velocidad de la luz en el vacío, a la que se asignó un valor exacto. Desde entonces, el metro se define como la distancia que recorre la luz en una fracción determinada de segundo. De este modo, pasó a ser una unidad derivada del tiempo y de una constante fundamental, reforzando la idea de que las unidades pueden construirse a partir de propiedades estables del universo.

Las constantes universales como referencia

En las décadas siguientes, otras unidades fundamentales fueron progresivamente redefinidas en función de valores invariables de la naturaleza. Esta transición culminó en 2019, con la actualización del kilogramo, el amperio, el kelvin y el mol. Desde entonces, cada una de estas unidades se basa en una constante universal, medible con extrema precisión y estable en el tiempo.

Así, la constante de Planck, que describe la relación entre la energía de un cuanto y la frecuencia de su radiación, pasó a definir el kilogramo. La carga elemental, que representa la cantidad de carga de un electrón, se convirtió en la referencia para el amperio. En el caso del kelvin, se adoptó la constante de Boltzmann, que vincula la temperatura con la energía cinética media de las partículas en un sistema, permitiendo cuantificar cuánta energía corresponde a cada grado de temperatura. Por su parte, el número de Avogadro, que indica cuántas entidades elementales hay en un mol de sustancia, pasó a definir el mol.

Desde 2019, todas las unidades básicas del SI están ancladas directamente en constantes fundamentales. La metrología cuántica, junto con la física cuántica, desempeñó un papel clave en esta transformación. Fue gracias a los avances en estos campos que se logró medir con una precisión sin precedentes magnitudes como la constante de Planck o la carga elemental, ambas íntimamente ligadas a la estructura cuántica de la realidad física.

La democratización de la medida

El cambio introducido en 2019 marcó una innovación significativa, al eliminar la dependencia de objetos físicos susceptibles de deteriorarse, alterarse o, incluso, perderse con el tiempo. Al vincular las unidades fundamentales a constantes universales, se abrió la puerta a mediciones con una precisión extrema, esenciales para la investigación científica y el desarrollo tecnológico más avanzado. Ahora, cualquier laboratorio que disponga del equipo adecuado puede reproducir estas unidades sin necesidad de recurrir a un artefacto específico, lo que supone un paso importante hacia la democratización del acceso a las referencias de medida.

Aunque para la mayoría de las personas este cambio pasó desapercibido —las balanzas, los termómetros y otros instrumentos siguen funcionando como antes— su impacto en la ciencia y la industria ha sido profundo. Ha permitido a la comunidad científica y técnica operar con mayor exactitud y confianza, sabiendo que las unidades son estables y reproducibles en cualquier lugar y momento. Esto facilita el desarrollo de tecnologías emergentes que requieren mediciones extremadamente precisas, como la nanotecnología, la física cuántica o la industria farmacéutica.

Medir las sutilezas

Además de su papel en la redefinición del SI, la metrología cuántica ha impulsado avances importantes en los últimos años, ampliando el alcance de las mediciones de alta precisión en distintos ámbitos. Sensores cuánticos muy sensibles han permitido detectar campos magnéticos extremadamente débiles y registrar señales de origen astrofísico con un nivel de detalle antes inalcanzable.

También ha contribuido al desarrollo de los relojes atómicos ópticos y los basados en iones atrapados, que ofrecen una estabilidad temporal sin precedentes. Esta mejora en la medición del tiempo abre nuevas posibilidades tanto en física fundamental como en tecnologías de sincronización y navegación.

La observación de materiales cuánticos, la imagen médica basada en principios cuánticos o la criptografía cuántica son ejemplos de aplicaciones emergentes que se benefician directamente de estas capacidades de medida más refinadas. Estos avances no solo mejoran lo que ya era medible, sino que permiten acceder a fenómenos que antes estaban fuera de alcance.

Medir con sentido

La metrología cuántica ha transformado silenciosamente nuestra forma de medir el mundo. No solo ha permitido redefinir las unidades fundamentales basándolas en constantes universales —algo que, por sí solo, ya es una maravilla—, sino que ha ampliado los límites de lo que podemos detectar, observar y caracterizar.

Pero más allá de los avances experimentales, hay un aspecto menos visible y no menos relevante: su desarrollo teórico. La metrología cuántica es también un campo profundamente abstracto, donde se estudian los límites últimos de la precisión y se analizan, con herramientas formales complejas, las posibilidades y restricciones de la medición en un marco cuántico. No es una disciplina ligera: exige rigor, paciencia y un dominio técnico que pocas áreas requieren con tanta intensidad.

En ese sentido, no se trata solo de medir mejor, sino de comprender con mayor profundidad qué significa medir en el contexto de una física que, aún hoy, sigue desafiando nuestra intuición. La metrología cuántica no hace ruido, pero sin ella, mucho de lo que hoy consideramos conocimiento fiable simplemente no sería posible.

17

CRIPTOGRAFÍA CUÁNTICA: ¿PUEDEN NUESTRAS COMUNICACIONES SER MÁS SEGURAS?

Usar un lenguaje secreto en el patio del colegio, escribir mensajes en espejo o ponerle un candado al diario personal son gestos que algunas personas hemos hecho sin pensarlo demasiado. No es que tuviéramos grandes secretos que esconder, sino que queríamos asegurarnos de que solo las personas adecuadas pudieran leer lo que escribíamos.

Esa necesidad de proteger la información, de decidir quién puede acceder a lo que decimos o pensamos, es la misma que impulsa la criptografía. Esta disciplina estudia y diseña métodos para codificar los mensajes de modo que solo quienes cuenten con las claves adecuadas puedan entender su contenido.

Desde hace siglos, la humanidad ha desarrollado formas cada vez más ingeniosas de mantener sus secretos a salvo. El cifrado César, la cuadrícula de Cardano o el cifrado polialfabético son algunas de las técnicas que han acompañado a reyes, diplomáticos y espías desde la Antigüedad hasta el Renacimiento. Ya en el siglo XX, máquinas como Enigma llevaron esta idea a un nuevo nivel, con sistemas mecánicos de rotores y claves variables que marcaron un antes y un después.

Con la irrupción de la informática, la criptografía entró en una nueva era. Surgieron algoritmos como el Estándar de

Encriptación de Datos (DES, por sus siglas en inglés) o el sistema de clave pública desarrollado en 1979 por Ron Rivest, Adi Shamir y Leonard Adleman (conocido como RSA por el acrónimo de sus autores), que aplican principios matemáticos complejos para asegurar la información digital. Hoy, estos sistemas han evolucionado en algoritmos cada vez más sofisticados, capaces de adaptarse a los desafíos de un mundo interconectado, donde la protección de los datos es más crucial que nunca.

Seguridad clásica en tiempos cuánticos

Los sistemas de encriptación actuales ofrecen altos niveles de seguridad, siempre que se implementen correctamente. Su eficacia depende no solo de la robustez del algoritmo, sino también de una gestión adecuada de las claves y de la ausencia de fallos en el *software*. Cuando alguno de estos elementos falla, incluso los sistemas más avanzados pueden quedar expuestos.

Por ello, existe un esfuerzo global y coordinado para fortalecer los algoritmos criptográficos tradicionales. Esta mejora no solo responde a la necesidad de protegerse frente a ataques cada vez más sofisticados, sino también a una amenaza emergente: la computación cuántica. Los algoritmos clásicos, como RSA o la criptografía de curva elíptica (ECC, por sus siglas en inglés), basan su seguridad en problemas matemáticos difíciles de resolver, como la factorización de números grandes o el logaritmo discreto. Sin embargo, una computadora cuántica suficientemente avanzada podría resolver estos problemas de forma extremadamente rápida mediante algoritmos como el de Shor, comprometiendo así la seguridad de muchos sistemas actuales.

Ante este posible escenario, la criptografía cuántica se perfila como una alternativa con propiedades que van más allá de lo que puede ofrecer la criptografía clásica.

Seguridad cuántica: lo que no se puede esconder, tampoco se puede robar

La criptografía cuántica es una rama de la criptografía que utiliza principios de la mecánica cuántica para proteger la confidencialidad de la información. A diferencia de los métodos tradicionales, que se basan en la dificultad matemática de ciertos problemas, la criptografía cuántica se apoya en leyes físicas fundamentales.

En estos sistemas, la información, y en particular las claves secretas, se transmite usando partículas de luz, es decir, fotones codificados en estados cuánticos. Lo interesante es que cualquier intento de interceptar esa información altera su estado original. Es una consecuencia directa de las propias reglas de la física cuántica: si alguien observa o mide un estado cuántico sin permiso, deja una huella. Así, los interlocutores legítimos pueden detectar cualquier intento de espionaje, porque la clave ya no llega igual a su destino.

Dos principios que lo cambian todo

Este nivel de seguridad se sostiene en dos principios fundamentales de la física cuántica. El primero es el principio de incertidumbre de Heisenberg, que establece que hay propiedades de las partículas —como la polarización de un fotón— que no pueden conocerse con precisión al mismo tiempo. Intentar medir un estado cuántico sin perturbarlo es, sencillamente, imposible.

El segundo es el teorema de no clonación, que prohíbe la creación de una copia perfecta de un estado cuántico desconocido. En otras palabras, no se puede duplicar una clave cuántica sin modificarla en el intento. Esto limita radicalmente la capacidad de un atacante para interceptar o almacenar la información sin ser detectado.

Gracias a estos principios, la criptografía cuántica no solo permite detectar un ataque en tiempo real, sino que impide que se recopile información sensible para descifrarla más tarde. Esa combinación de detección inmediata e imposibilidad de copia convierte a este enfoque en una promesa sólida para proteger comunicaciones especialmente delicadas, como las de instituciones financieras, gobiernos o infraestructuras críticas.

Aunque todavía está en fase de desarrollo, ya se han realizado pruebas exitosas en entornos reales. Varias redes experimentales han utilizado el protocolo BB84 —uno de los primeros esquemas prácticos de distribución cuántica de claves— para establecer comunicaciones seguras a lo largo de cientos de kilómetros, incluso a través de satélites. Lo que hasta hace poco parecía una curiosidad teórica está empezando a formar parte de las herramientas reales para proteger el mundo digital.

Distribución cuántica de claves o cómo crear una clave que nadie pueda robar

El método más avanzado y seguro para que dos partes generen una clave secreta es la Distribución Cuántica de Claves o QKD, por sus siglas en inglés (*Quantum Key Distribution*). Este sistema permite a dos usuarios crear una clave compartida de forma segura, incluso si hay un espía escuchando. Es importante señalar que QKD no se usa para transmitir mensajes cifrados, sino únicamente para establecer la clave que luego se empleará en métodos clásicos de encriptación.

El esquema más conocido de QKD es el protocolo BB84, propuesto en 1984 por Charles Bennett y Gilles Brassard. En este protocolo, dos usuarios —tradicionalmente llamados Alice y Bob— intercambian fotones codificados con diferentes polarizaciones a través de un canal cuántico, como una fibra óptica. Cada uno elige al azar cómo codificar y medir los fotones, utilizando bases de medida incompatibles. Este carácter aleatorio es esencial para garantizar la seguridad del proceso.

Si un tercero intenta interceptar los fotones —el espía, normalmente llamado Eve—, la propia naturaleza cuántica garantiza que su intervención alterará los estados de los fotones. Estas alteraciones introducen errores detectables en la transmisión. Si la tasa de errores supera cierto umbral, Alice y Bob pueden inferir que la clave ha sido comprometida y abortan la comunicación.

En cambio, si no se detecta evidencia de espionaje, los datos compatibles se utilizan para construir una clave secreta compartida. Esta clave, validada por las leyes de la física cuántica, puede luego alimentar un sistema de cifrado clásico y ofrecer una confidencialidad prácticamente inviolable.

Aplicaciones actuales de la criptografía cuántica

La distribución cuántica de claves (QKD) permite crear claves compartidas con un nivel de seguridad sin precedentes: cualquier intento de espionaje es detectable y la clave solo se considera válida si no ha sido comprometida. Aunque este método ya se utiliza en la actualidad, su aplicación sigue estando limitada, en su mayor parte, a entornos experimentales, proyectos piloto o sistemas de alta seguridad. Es decir, aparece allí donde la protección de la información es crítica y donde existen los recursos técnicos y humanos necesarios para implementarla.

Vulnerabilidades en la práctica

¿Pero hasta qué punto es invulnerable en la práctica la criptografía cuántica? Lo cierto es que, si bien la QKD ofrece una seguridad teórica extraordinaria, en la práctica existen matices importantes que pueden comprometerla.

Por un lado, aunque el marco teórico sea sólido, los sistemas reales dependen de dispositivos físicos concretos —emisores, detectores, procesadores— que pueden presentar fallos o ser vulnerables a ataques específicos. Si esos componentes no están correctamente diseñados o protegidos, un atacante podría llegar a obtener información sin ser detectado.

Por otro lado, uno de los grandes desafíos actuales es la transmisión a largas distancias. Para mantener la integridad del canal cuántico, se necesita una infraestructura especializada que asegure la calidad de la señal y la detección de errores. Esta infraestructura tiene un coste elevado: no solo requiere tecnología avanzada, sino también personal altamente cualificado para instalarla, operarla y mantenerla.

Como ocurre con cualquier sistema de seguridad, la criptografía cuántica tampoco está a salvo de errores humanos o fallos de *software*. Aunque protege el canal físico contra la interceptación, sigue siendo vulnerable a una gestión deficiente de las claves, configuraciones inseguras o malas prácticas en la implementación.

RETOS ABIERTOS Y LÍNEAS DE INVESTIGACIÓN

A pesar de sus promesas, la criptografía cuántica aún no está madura para un despliegue global. La falta de estándares completamente definidos y la complejidad técnica de los sistemas suponen un reto para su adopción masiva. Por eso, buena parte de la investigación actual se centra en superar estas barreras y hacer que la tecnología sea más viable y accesible.

Entre las soluciones en desarrollo destacan los repetidores cuánticos y la comunicación vía satélite, que permitirían ampliar el alcance de la QKD reduciendo la pérdida de fotones y el ruido en los canales de transmisión. Estos avances abrirían la puerta a redes cuánticas de alcance global.

También se están explorando enfoques híbridos, que combinan la criptografía clásica con técnicas cuánticas. Esta estrategia permitiría aprovechar lo mejor de ambos mundos y facilitar una transición gradual hacia sistemas más seguros, mientras se consolidan estándares y se adaptan las infraestructuras y los equipos humanos a esta nueva generación de tecnologías.

LA SEGURIDAD ESTÁ EN CAMINO

Entonces, ¿pueden nuestras comunicaciones ser más seguras? La respuesta es, inequívocamente, sí: la seguridad puede mejorar. La mecánica cuántica puede jugar un papel importante en ello, aunque no necesariamente decisivo. Las vulnerabilidades actuales de la criptografía cuántica no se encuentran en las leyes físicas que la sustentan, sino en su implementación práctica: el *software*, los dispositivos y, sobre todo, las personas que los desarrollan y operan.

En estos momentos, una red global de comunicaciones basada exclusivamente en tecnología cuántica no es realista. Cualquier sistema cuántico necesita interactuar con componentes clásicos, que siguen enfrentándose a los mismos desafíos de siempre. La idea de una red de comunicación cuántica verdaderamente integrada es un objetivo en construcción, objeto de investigación activa en todo el mundo. Y como suele ocurrir en ciencia, lo mejor es dejar que quienes investigan hagan su trabajo.

La criptografía cuántica tiene un enorme potencial para la seguridad del futuro, pero todavía enfrenta obstáculos de alcance, coste, integración y madurez tecnológica. El esfuerzo actual se concentra en superar esas barreras mediante innovación técnica, desarrollo de estándares y reducción de costes, con el objetivo de hacer de esta tecnología una opción práctica, segura y escalable para la protección de la información en la era de la computación cuántica.

Métodos como la QKD ya se están utilizando —aunque de forma limitada— y representan un primer paso importante. Además, muestran cómo los principios de la mecánica cuántica pueden empezar a integrarse en aplicaciones cotidianas con alto potencial de impacto, como ya ha ocurrido en otras ocasiones a lo largo de la historia de la física.

Al igual que el resto de las tecnologías cuánticas de segunda generación, la criptografía cuántica está en plena evolución. La investigación avanza cada día, y cada resultado, por pequeño que parezca, suma en el camino hacia su consolidación. Por eso, lo más sensato —y quizá lo más emocionante— es mantenerse atento y disfrutar del trayecto. Quién sabe cómo serán nuestras comunicaciones dentro de unos años.

18

COMPUTACIÓN CUÁNTICA: PENSAR DISTINTO PARA PENSAR MEJOR

Desde su aparición, los ordenadores han funcionado sobre una base simple pero de un alcance extraordinario: el sistema binario. Esta combinación de ceros y unos nos ha permitido enviar mensajes a través del planeta, simular el clima e incluso aterrizar robots en Marte. Hoy sabemos que esta no es la única manera de computar, y que la mecánica cuántica nos permite vislumbrar un horizonte en el que la computación se vuelve aún más poderosa.

La computación cuántica propone una nueva forma de procesar la información, en ocasiones compatible con la computación clásica y, en otras, capaz de llegar a lugares que esta no podría siquiera imaginar.

Basada en principios como la superposición, el entrelazamiento y la interferencia, esta nueva forma de trabajar promete resolver ciertos problemas que serían imposibles —o que requerirían miles de años— para las máquinas actuales. Pero antes de entrar en estos detalles, comencemos por el principio: ¿cómo funciona realmente un ordenador cuántico?, ¿qué papel juegan los cúbits?, ¿y por qué la computación cuántica nos invita a repensar conceptos fundamentales de la lógica y la información?

Una nueva forma de computación

Para entender qué diferencia realmente a esta nueva forma de computar, conviene revisar en qué consiste la computación cuántica en sí misma. La computación cuántica es, en realidad, un campo multidisciplinar que combina informática, física y matemáticas. Su objetivo es desarrollar una nueva forma de procesar la información basada en los principios de la mecánica cuántica.

La diferencia principal con la computación clásica —que utiliza bits como unidad básica de información— es que la computación cuántica utiliza cúbits. El bit representa la unidad mínima de información y puede estar en uno de dos estados: 0 o 1. Su nombre proviene precisamente de «dígito binario». En cambio, el bit cuántico o cúbit (del inglés *quantum bit* o *qubit*), puede estar en el estado 0, en el 1, o en una superposición de ambos.

Los pilares cuánticos: superposición, entrelazamiento e interferencia

Los fundamentos de la computación cuántica se apoyan en tres principios clave: la superposición, el entrelazamiento y la interferencia cuántica. Estos permiten operar con una eficiencia que la computación clásica no puede alcanzar.

Gracias a la superposición, un cúbit puede representar múltiples combinaciones de 0 y 1 al mismo tiempo, lo que permite realizar cálculos en paralelo y explorar simultáneamente diversas soluciones a un problema.

Además, si dos o más cúbits están entrelazados —es decir, si sus estados están correlacionados de tal forma que conocer el estado de uno determina instantáneamente el del otro, sin importar la distancia que los separe—, entonces la capacidad de procesamiento y almacenamiento de información crece exponencialmente. Esto se debe a que, a diferencia de los sistemas clásicos, los cúbits entrelazados no pueden describirse por separado, ya que forman un sistema colectivo cuyo estado global abarca todas las combinaciones posibles de sus valores. El entrelazamiento cuántico permite, así, que los cúbits trabajen como una unidad, posibilitando operaciones paralelas sobre una cantidad masiva de información.

Por último, la interferencia cuántica permite manipular y combinar los estados cuánticos de forma controlada, amplificando las soluciones correctas y cancelando las incorrectas. Esto se logra porque los algoritmos cuánticos operan sobre las amplitudes de probabilidad asociadas a cada posible solución. Mediante una serie de transformaciones específicas, se incrementa la probabilidad de medir el estado que representa la solución correcta, al tiempo que se reduce la probabilidad de obtener estados erróneos.

Distintos caminos hacia la computación cuántica

Para hacer realidad los principios de la computación cuántica, primero necesitamos construir un ordenador cuántico. Y, para ello, hay que tomar dos decisiones clave: qué modelo de computación se va a utilizar y qué tecnología se va a emplear para implementar los cúbits. No existe una única fórmula para trabajar en computación cuántica y a menudo la elección depende del tipo de problema que se pretende resolver.

Según el modelo computacional elegido, podemos distinguir tres enfoques principales: digital, adiabático y analógico. Cada uno representa una forma distinta de acercarse al mismo objetivo, que no deja de ser el de aprovechar las leyes de la mecánica cuántica para procesar la información de manera radicalmente distinta.

ORDENADORES CUÁNTICOS DIGITALES, PRIMO CERCANO DE LA COMPUTACIÓN CLÁSICA

El modelo más extendido es el del ordenador cuántico digital, también conocido como de puertas lógicas cuánticas. Aquí, la información se procesa mediante cúbits organizados en circuitos compuestos por puertas lógicas, equivalentes cuánticos de las clásicas AND, OR o NOT. La diferencia es que estas puertas operan sobre estados de superposición y entrelazamiento, lo que les permite ejecutar operaciones con una capacidad de cómputo muy superior.

Estos ordenadores transforman los datos de entrada mediante una secuencia de puertas cuánticas definida por un algoritmo. Al final del proceso, se mide el estado de los cúbits y se obtiene la solución al problema planteado.

Buena parte de la comunidad científica trabaja sobre este modelo, lo que ha impulsado el desarrollo de algoritmos cuánticos cada vez más potentes. Entre los más conocidos destacan el algoritmo de Shor —que permite factorizar números grandes con gran eficiencia— y el algoritmo de Grover, pensado para búsquedas en bases de datos no ordenadas. Ambos ofrecen ventajas exponenciales o cuadráticas respecto a sus equivalentes clásicos.

ORDENADORES CUÁNTICOS ADIABÁTICOS, COMPUTACIÓN A FUEGO LENTO

Una alternativa interesante es la computación cuántica adiabática, también conocida como *quantum annealing*. Estos ordenadores están diseñados para resolver problemas complejos de optimización aprovechando principios como la evolución adiabática y el efecto túnel.

Su funcionamiento consiste en hacer evolucionar lentamente un sistema cuántico desde un estado inicial simple hacia otro estado final que encierra la solución óptima del problema. Este recorrido controlado permite «escapar» de soluciones poco óptimas (conocidas como mínimos locales) y encontrar configuraciones mejores, algo difícil de lograr con métodos clásicos.

Ya existen ordenadores adiabáticos comerciales, como los desarrollados por D-Wave, y, aunque su uso no está generalizado, su potencial en áreas como la optimización combinatoria y la simulación de sistemas físicos ha despertado gran interés. Eso sí, tienen menos flexibilidad que los ordenadores cuánticos universales, ya que no pueden ejecutar todos los algoritmos cuánticos posibles.

ORDENADORES CUÁNTICOS ANALÓGICOS, SIMULAR LA REALIDAD

El tercer gran enfoque es el de los ordenadores cuánticos analógicos. A diferencia de los anteriores, no están pensados para ejecutar algoritmos genéricos, sino para imitar directamente el comportamiento de un sistema cuántico específico.

En lugar de operar con puertas lógicas, estos dispositivos emplean componentes físicos que reproducen las interacciones cuánticas del sistema que se desea estudiar. En cierto modo, construyen una versión reducida del problema dentro del propio *hardware*, lo que permite abordar fenómenos que ni los superordenadores clásicos pueden simular.

Este tipo de ordenador es especialmente útil para investigar propiedades de la materia cuántica como la superconductividad, el magnetismo o las fases exóticas de la materia. Al ajustar parámetros físicos en el dispositivo, se pueden explorar nuevas interacciones y observar comportamientos emergentes, como los parafermiones, imposibles de modelar por métodos clásicos.

Aunque su campo de aplicación es más específico, los ordenadores cuánticos analógicos representan una herramienta poderosa para explorar los límites de la física cuántica y allanar el camino hacia futuros simuladores escalables.

Distintos trajes para los cúbits

Más allá del modelo de computación elegido, otro aspecto fundamental es la plataforma física sobre la que se implementarán los cúbits. Como ya mencionamos, los cúbits son la unidad básica de información en computación cuántica, y para que puedan existir se necesita un sistema físico capaz de presentar, al menos, dos estados bien diferenciados que representen el 0 y el 1.

Muchos sistemas físicos cumplen esta condición, y son precisamente esos sistemas los que se utilizan para construir cúbits reales. Cada uno presenta ventajas y desafíos particulares, y la elección suele depender tanto del modelo computacional como del tipo de problema que se quiere abordar. Entre las tecnologías más empleadas actualmente se encuentran los circuitos superconductores, los iones atrapados, los fotones, los puntos cuánticos y los cúbits topológicos, entre otros. Al igual que ocurre con los sensores cuánticos, elegir el soporte físico para los cúbits implica un equilibrio entre control, estabilidad y viabilidad tecnológica.

Circuitos superconductores: velocidad y escalabilidad

Una de las tecnologías más extendidas hoy en día es la de los circuitos superconductores. Estos dispositivos utilizan materiales que, a temperaturas cercanas al cero absoluto, permiten el flujo de corriente sin resistencia. Para manipular los cúbits en este sistema se emplean pulsos de microondas.

Sus principales ventajas son la rapidez de operación y su potencial para ser escalados a sistemas más grandes. Sin embargo, requieren sistemas de refrigeración extremadamente avanzados para mantener la coherencia cuántica. Son la base de muchos de los ordenadores cuánticos digitales actuales, como los desarrollados por IBM o Google.

Una característica especialmente interesante de esta plataforma es que muchas empresas permiten acceder a sus ordenadores de forma remota y gratuita. Esto significa que cualquier persona con curiosidad, aunque no tenga formación especializada, puede manipular un ordenador cuántico desde casa. Esta accesibilidad tiene un impacto directo en la expansión del conocimiento, ya que permite que el público general experimente con conceptos fundamentales de la mecánica cuántica mientras observa resultados reales en su pantalla.

IONES ATRAPADOS: PRECISIÓN LÁSER Y BELLEZA CUÁNTICA

Otra tecnología ampliamente utilizada en investigación es la de los iones atrapados. En este caso, los cúbits están formados por átomos cargados (iones) que se mantienen confinados mediante campos electromagnéticos. Para manipularlos se utilizan láseres de alta precisión, capaces de controlar con gran detalle su estado cuántico.

Una de las ventajas más atractivas de esta tecnología es que, gracias a las técnicas actuales, es posible visualizar directamente a los iones y observar cómo su configuración evoluciona a lo largo del experimento. Es un espectáculo fascinante para quienes disfrutan de la física en acción.

Los cúbits basados en iones atrapados ofrecen una estabilidad y fidelidad muy altas, especialmente en la manipulación individual. Sin embargo, suelen ser algo más lentos que los circuitos superconductores, lo que puede limitar su rendimiento en ciertos contextos.

SUPREMACÍA, VENTAJA Y LA CARRERA POR LA COMPUTACIÓN CUÁNTICA ÚTIL

Uno de los grandes hitos que persigue la computación cuántica es resolver un problema del mundo real de forma más rápida o eficiente que cualquier ordenador clásico disponible. Para lograrlo, se utilizan algoritmos cuánticos aplicados a tareas con utilidad práctica. A esto se le conoce como ventaja cuántica (*quantum advantage*).

Otra forma de medir el progreso de este campo es a través del concepto de supremacía cuántica (*quantum supremacy*), que se refiere a superar a los ordenadores clásicos en cualquier tarea, aunque sea artificial o sin aplicación práctica directa. La diferencia es sutil pero importante: mientras que la supremacía puede alcanzarse con problemas diseñados expresamente para favorecer al ordenador cuántico, la ventaja cuántica exige que el problema resuelto tenga relevancia en áreas como la física, la química, la logística o la economía.

Hasta ahora, la mayoría de los avances se han producido en el terreno de la supremacía cuántica, lo cual tiene sentido ya que es un paso previo necesario hacia la ventaja cuántica. En 2019, el grupo de investigación en computación cuántica de Google anunció haber alcanzado este hito. Su procesador cuántico Sycamore resolvió un problema artificial en 200 segundos, una tarea que, según sus cálculos, habría llevado unos 10 000 años a un superordenador clásico.

El anuncio generó una gran repercusión, pero también cierta controversia. Otros grupos demostraron que, utilizando algoritmos clásicos más avanzados y técnicas de optimización específicas, el problema podía resolverse en superordenadores

214

en mucho menos tiempo del estimado por Google, incluso en cuestión de días o menos.

Aun así, este experimento marcó un antes y un después. No solo representó un avance tecnológico notable, sino que abrió un debate aún vigente sobre dónde se sitúa exactamente la frontera entre lo que puede y no puede resolver un ordenador clásico. Una frontera que, como ha quedado claro, es mucho más difusa de lo que inicialmente se pensaba.

Computación cuántica hoy

Actualmente, la computación cuántica se encuentra en una etapa de rápido desarrollo y de intensa competencia internacional. Hay quien la compara ya con una nueva carrera espacial tecnológica.

Existen múltiples prototipos funcionales de ordenadores cuánticos, algunos con hasta 100 cúbits, desarrollados por laboratorios universitarios, *startups* o grandes empresas. Sin embargo, más cúbits no siempre significa mejor, y es que estos dispositivos siguen siendo, en gran medida, experimentales e imperfectos. Aun así, la investigación y el desarrollo no se detienen, y los avances tanto en *hardware* como en algoritmos están acelerando el progreso hacia sistemas más útiles y escalables.

Entre los hitos recientes destacan la creación de procesadores con cientos de cúbits, el desarrollo de cúbits topológicos, que son más estables y tolerantes a errores, la teletransportación cuántica de datos a través de fibra óptica convencional, y la exploración de nuevos materiales para fabricar cúbits más fiables. No obstante, los grandes desafíos siguen siendo los mismos: la corrección de errores, la escalabilidad, la estabilidad de los cúbits, y el desarrollo de *software* y algoritmos cuánticos eficientes.

Aún no se ha alcanzado la tan esperada ventaja cuántica, pero se espera que ocurra en los próximos años, impulsada por una inversión pública y privada cada vez mayor. Si lo consigue, podría convertirse en una tecnología transformadora con aplicaciones en criptografía, simulación de materiales, farmacología y optimización logística, entre muchas otras.

CAMBIAR LAS REGLAS DEL JUEGO

La computación cuántica es, probablemente, una de las tecnologías cuánticas de segunda generación que más atención ha captado en los últimos años. No es raro encontrar titulares sobre sus avances, promesas o potencial transformador. Cada vez más empresas la mencionan como reclamo, y no es de extrañar: si alguna vez logra todo lo que promete, podríamos estar ante un punto de inflexión en la historia de la ciencia y la tecnología.

Pero conviene mantener la perspectiva. Más allá de las expectativas, la computación cuántica ya ha transformado nuestra forma de entender la computación. Sus desarrollos —desde algoritmos cuánticos hasta plataformas físicas para implementar cúbits— han dado lugar a avances teóricos y experimentales con impacto real. Cada modelo, cada arquitectura, cada nueva demostración experimental es una pieza más de un rompecabezas complejo, pero cada vez más definido.

Estamos ante una tecnología aún en desarrollo, sí, pero con una comunidad científica activa y diversa que avanza a pasos firmes. Y aunque sus aplicaciones prácticas aún estén tomando forma, su influencia ya ha comenzado a extenderse más allá de los laboratorios. Hoy cualquiera con curiosidad y una conexión a internet puede ejecutar un algoritmo cuántico y observar, en tiempo real, el comportamiento de un cúbit real. Esto representa no solo una revolución tecnológica, sino también una revolución en el acceso al conocimiento.

La computación cuántica nos exige pensar distinto. Nos obliga a replantear conceptos que dábamos por sentados: qué significa calcular, qué es la información, hasta dónde llega la lógica. Desafía nuestra intuición, pero nos acerca un poco más a las reglas que realmente rigen el universo. Tal vez aún falte para ver todo su potencial desplegado, pero ya está transformando nuestra forma de pensar. Y eso, en sí mismo, ya es un cambio profundo.

Este libro se terminó de imprimir en el mes de enero
de 2026 en Liberdúplex S.L. (Barcelona).